JN418465

문화콘텐츠학 총서 011

과학관, 테마파크를 만나다

문화콘텐츠학 총서 011

과학관, 테마파크를 만나다

김희경

한국외국어대학교 출판부

들어가며

과학관과 테마파크, 교육과 놀이를 대표하는 공간 콘텐츠다. 교육과 놀이를 결합한 에듀테인먼트라는 용어가 국내에 알려지기 시작한 지도 15년이 지났지만 그 기세는 갈수록 더해진다. 놀이 속에 교육을 숨겨 오감을 통해 즐겁게 체험하면서 자연스럽게 학습하게 된다는 에듀테인먼트는 출판, 애니메이션, TV프로그램, 영화, 공연, 전시, 박물관, 과학관에 이르기까지 그 영역을 넓히고 있다.

공간(空間)의 사전적 의미는 '아무것도 없는 빈곳', '물질이 존재하고 여러 가지 현상이 일어나는 장소'이다. 두 가지의 뜻이 상반되어 보이지만 텅 비어있기 때문에 무엇인가를 채울 수 있고, 그것을 향유하는 사람과의 작용을 통해 사건이 일어나는 장소라고 해석할 수 있다. 그래서 우리는 일상에서 많은 '~관'과 '~파크'를 접하게 된다.

이 책에서는 에듀케이션적인 성격인 강한 과학관에 엔터테인먼트적인 성격이 강한 테마파크의 특성을 접목하여 테마파크스러운 사건이 일어나는 과학교육공간의 모델을 제시해보는 것을 주 내용으로 한다.

사실 이 책을 쓰게 된 동기는 미취학 아동을 키우고 있는 입장에서 과학관이나 박물관을 방문하면서 들었던 몇 가지 의문과 아쉬움에 대해 스스로 해결책을 찾아보자는 동기에서 출발했다고 해도 과언이 아니다.

'체험 위주의 전시', '새로운 과학관', '오감을 자극하는......', '스토리텔링 기법을 사용한......' 등 화려하고 호기심 가득한 홍보문구들을 보고 찾아가보면 어른들도 과학의 원리를 이해하기 어려울 뿐만 아니라 체험물이라고 하는 것이 손이나 발, 기타 신체를 사용하여 단순 조작하는 정도, 혹은 가상체험을 하는 것들인데 어린이들을 지켜보면 그런 체험을 통해 원리를 쉽게 재미있게 이해한다기보다는 조작자체에 열중하고 있다는 것을 발견했다. 또한 과학관에 간다는 마음을 먹는 것 자체가 '반드시 뭔가를 얻어와야만 한다', '과학원리 하나라도 알아야 한다'라는 학습에 대한 의무감을 느낀 채 약간이라도 부담감을 안고 관람하게 된다는 것도 깨닫게 되었다.

반대적 성향에 있는 테마파크의 경우 가기 전부터 마음이 들뜬다. 즐거울 게 뻔하니까. 라이드를 타면서 어떤 원리로 기구가 뜨고, 회전하고, 뒤집어지고 등의 물리학습적인 생각을 하지 않고 환상적인 공간이 마구 내뿜는 즐길거리에 푹 빠질 것을 생각만 해도 미소가 지어지고, 실제로도 그러하다. 과거, 미래, 환상의 세계를 자유롭게 오갈 수 있다는 것도 큰 장점이다.

두 가지 이질적인 대상의 특징을 섞어 보면 기존과는 다른 과학관이 나오겠다는 생각이 번쩍 들었다. 물론 우선적으로 고려해야할 대상이 있었다. 어린이 과학관이라는 향유대상을 정하고 나니 어린이를 1세부터 13세로 설정했을 때 발달 상태나 놀이 행태가 다르기 때문에 모든 어린이 대상이 이해할 수 있고, 즐길 수 있는 테마파크형 과학관을 만들려면 한 공간 안에 연령별 섹터가 나눠지거나 특정 연령대만 선정해야했다. 필자는 후자를 선택하여 5~9세까지 미취학 및 저학년 어린이를 그 대상으로 하였다. 과학에 대한 호기심이 가장 왕성한 시기이자 초등학교 입학 전과 입학 후의 자연스러운 놀이학습의 연계를 고려한 선정이었다.

다음으로 어떻게 해야 의미있고 재미있는 체험이 될 수 있을까를 생각하게 되었는데 교육학과 경험철학적 면에서는 존듀이의 '생활경험'을, 경제학적 측면에서는 조셉 파인 2세와 제임스 길모어의 '고객 체험의 4요소'를 차용하였다.

그러고 나서 과학관과 테마파크의 개념과 특성을 이해하여 상호 접목할 수 있는 부분을 찾아내었다. 그렇게 접목된 유형을 찾아보니 꽤 많은 테마파크형 과학관 혹은 박물관들의 사례를 찾을 수 있었다. 여기에서 소개하는 사례들은 다양한 소재의 테마파크형 박물관 · 과학관 · 미술관을 기획하는데 도움이 될 것이다.

대중적인 테마파크이자 전세계인의 방문이 끊이지 않는 대표적 테마파크인 디즈니랜드와 유니버설 스튜디오, 프랑스의 아스테릭스파크 등은 동화, 애니메이션, 영화, 소설 등을 원천자료로 한 공간들이다. 이미 사람들에게 친숙하고, 오랫동안 향유되어온 킬러 콘텐츠에서 다양한 부분들을 차용한 테마파크들이다. 어른들은 테마파크에서 유년시절의 기억을 환기시키고, 자녀들은 새로운 경험을 하게 되어 자연스러운 신구와 조화가 이루어지는 곳이다. 이야기 속 공간을 그대로 재현한 환경연출에 둘러싸인 채 편안하게 걸어다니다가 불쑥 튀어나오는 애니메이션 혹은 영화 속 캐릭터와 마주치기도 하고, 영화나 애니메이션 속에 등장하는 캐릭터가 된 것과 같이 라이드를 타고 사건을 접하게 된다. '나도 저렇게 해봤으면.....', '나도 스파이더맨처럼 악당을 물리칠 수 있다면.....', '공주 혹은 왕자가 돼봤으면.....' 등의 개인적인 욕망들이 실현되는 장소가 테마파크이다.

이 책에서는 이러한 특징을 과학관에 접목시켜 보았다. 프랭크 바움의 유명한 동화 '오즈의 마법사'를 스토리텔링하여 과학관의 환경연출뿐만 아니라 과학관 체험물, 프로그램, 이벤트 구성을 하였다. 주인공 도로시의 공간이동에 따라 과학관의 조닝을 설계하고, 거기에서 차용할 수 있는 과학원리들을 추출하여 체험물을 구상하고 기획하였다.

따라서 <과학관, 테마파크를 만나다>는 최근 EBS 애니메이션 '뽀로로', '코코몽', '토마스와 친구들'과 같은 영상콘텐츠를 기반으로 한 테마파크나 전시관이 활발하게 만들어지는 데 맞춰 시의상으로도 적절하고, 잘 알려진 이야기를 바탕으로 쉽고 재미있게 과학의 원리를 놀이로 습득할 수 있는 과학교육놀이 공간의 모델을 제시하고자 하는 바램과, 실제로 국내에서도 활발하게 기획 및 건립되기를 바라는 마음에서 씌여진 책이다.

본 책이 추구하는 구체적인 목적은 다음과 같다.

첫째, 어린이와 놀이에 대해 이해한다.

어린이 과학관의 주 사용자층인 어린이의 정의와 연령 및 발달 단계에 따른 특징을 알고, 학자들의 이론을 통하여 어린이 놀이에 관한 특징을 파악한다. 어린이의 어떤 특징이 테마파크의 특징과 어우러지는지 알아본다.

둘째, 어린이 과학관과 어린이 박물관에 대해 이해한다.

이론적 고찰을 통하여 설립배경, 현황, 정의, 필요성, 특징 등을 이해한다. 또한 어린이 과학관과 어린이 박물관이 앞서 살펴본 어린이와 어린이 놀이의 특성을 반영했는지를 알아보고, 국내외의 어린이 과학관이 본연의 목적에 부합하는지 살펴본다.

셋째, 어린이 과학관 전시의 특징인 교육 체험에 대해 이해한다.

조셉 파인 2세와 제임스 길모어의 '고객 체험의 4요소'를 중심으로 체험이 어린이의 놀이와 학습에 어떠한 영향을 미치는지 알아본다. 체험물과 체험 전시기법, 환경, 운영서비스의 고찰을 통하여 놀이를 통한 학습의 방법을 이해한다.

넷째, 테마파크에 대해 이해하고 어린이 과학관에 적용 가능한 개념을 이해한다.

테마파크의 유래, 의미, 특징, 구성 등에 대한 고찰을 통하여 그 개념을 이해하고, 특히 과학과 기술을 내용으로 하는 테마파크와 어린이 과학관의 관계를 살펴봄으로써 테마파크의 어떤 요소가 어린이 과학관에 적용

될 수 있는지 방법을 모색한다.

다섯째, 테마파크형 어린이 과학관의 기획설계 방법에 대해 이해한다.

과학관의 소재는 자연 에너지, 신체, 물리적 현상 등의 기초과학을 중심으로 어린이의 욕망과 결부하여 정하였다. 이론적 고찰과 사례 분석을 통하여 테마파크형 어린이 과학관의 컨셉 디자인을 제시한다. 놀이와 체험을 적용한 테마파크형 어린이 과학관의 컨셉 디자인 방법을 주로 하되, 테마에 따른 환경연출 방법도 함께 다뤄 향후 어린이 과학관의 구축모델을 제시하고자 한다.

차례

과학관, 어린이를 생각하다

1. 어린이 놀이 행태

1) 어린이 놀이 특징

그리스어로 '놀이(paidia)'는 일반적으로 놀이라는 뜻으로 사용되지만, '파이스(pais)'에서 파생되어 유희, 어린애 같음이라는 뜻의 의미가 들어 있다[1]. 호이징가는 '파이스' 어군 전체에서 가벼운 마음과 근심 걱정없는 즐거움의 특색이 발견된다고 하였다[2]. 파이디아(paidia)는 말의 용법이 확장되어 교육과 교양이란 말과 결합하여 파이데이아(paideia)가 되었다. 이렇듯 그리스어의 파이디아(paidia)와 파이데이아(piadeia)는 어린이의 놀이와 학습의 관계를 잘 보여주고 있다. 파이디아와 파이데이아의 어원이 어린이에서 나왔다는 점은 고대 그리스인들이 성인과 다른 어린이만의 독특한 행동양식을 발견하고 그로부터 놀이를 파생시켰다고 볼 수 있다. 라틴어에는 루두스(ludus)가 놀이를 의미하는 말인데 이 말은 놀이의 전 개념을 포함하지만 연극, 도박, 경기, 축제, 육상경기, 학교와 학습, 풍자와 희극 등을

1 로제 카이와, 『놀이의 인간』, 문예출판사, 1994, 37쪽.
2 호이징하, 『호모 루덴스』, 홍익사, 1981, 47쪽.

의미한다.

어린이에게서 파이디아는 아무거나 만져보고, 잡아보고, 들어보고, 맛보고, 냄새맡는 데 주저함이 없으며, 즉흥적이고, 무질서하며, 흥분하고 소란스러움을 나타낸다. 루드스는 이러한 행위에 규칙을 부여함으로써 다양한 놀이의 종류와 형태를 만들어내게 된다. 이렇게 볼 때 파이디아(paidia)는 놀이에 있어서 '어린이의 놀이와 학습'이라는 개념적 의미를, 루두스(ludus)는 '다양하고 구체적인 놀이의 종류'라는 실재를 의미한다. 예를 들면, 어린이들이 좋아하는 흉내내기, 역할놀이, 인형놀이, 가면놀이 등은 파이디아의 성격이 강하지만 이것이 연극, 축제 등의 공연예술 등이 되었을 때는 루두스의 성격이 강해지는 것이다. 또한 어린이들이 제자리에서 뱅뱅도는 행동은 파이디아에 가깝지만 테마파크에서 롤러코스터 등의 탑승물(ride)을 타는 행위는 루드스에 가깝다. 또한 파이디아가 단순한 놀이라면 루두스는 엔터테인먼트라고 할 수 있다. 엔터테인먼트는 놀이와는 달리 누군가에 의해 제공되어지는 것이기 때문이다.

로제 카이와(Roger Caillois)는 놀이를 경쟁(Agon), 우연(Alea), 모의(Mimicry), 현기증(Ilinx)의 4가지 유형으로 분류하여 파이디아와 루드스보다 좀 더 구체적이고 현실적으로 놀이이론을 다음과 같이 전개하였다.[3] 경쟁은 놀이는 경쟁의 형태를 취한다는 것으로 놀이하는 사람들이 서로 싸우도록, 기회의 평등이 설정된 것으로 체스, 당구, 바둑, 도박, 경기 등이 해당한다. 우연은 라틴어로 주사위를 의미하는데 경쟁과는 반대로 놀이하는 자의 의지에 종속되지 않는 우연성에 기대는 것으로 주사위놀이, 룰렛, 제비뽑기 등이 그 예이다. 다음으로 모의는 가공의 인물이 되어 그것에 어울리게 표현하는 것을 말하며, 공상놀이, 인형, 가면놀이, 가장복, 연극, 공연예술 등이 속한다. 마지막으로 현기증은 어질어질한 느낌의 추구를 기초로 하는 놀이로, 일시적으로 안정적인 상태를 파괴하고 일종의 두려움, 짜릿함, 경련, 흥분 등을 느끼게 한다. 스키, 공중곡예, 롤러코

3 로제 카이와, 앞의 책, 39~57쪽.

스트 등이 이에 해당한다.

과학관에서 4대 유형의 예를 살펴보면, 경쟁의 경우 교육 프로그램에서 과학원리에 대한 문제를 OX 퀴즈의 형태로 제공하여 정답을 맞힌 자에게 점수를 준다거나 선물을 주는 예가 될 수 있다. 우연의 경우는 임무 수행식의 교육 프로그램을 실시할 때 제비를 뽑아 적혀있는 내용대로 과업을 수행하는 것이 그 예라고 하겠다. 모의는 어린이들이 굉장히 좋아하는 유형으로 과학자나 우주인 복장을 하고 실험하기, 과학쇼에 참여하기, 자동차나 우주선 모형에 탑승하기 등이 그 예이다. 현기증은 테마파크에서 많이 보이는 유형이나 최근에는 과학관에서도 특정한 과학의 원리를 이해하기 위하여 테마파크의 탑승물과 같은 체험물을 도입하고 있다. 우주인 체험이나 지진 및 태풍 체험 등을 할 때 실제와 같은 공간 속에서 직접 경험하여 일시적인 공포와 아찔함을 겪는다.

그렇다면 어린이 과학관과 같은 공간은 파이디아에서 루두스로 전이되는, 자유로운 놀이에서 규칙이 있는 놀이를 제공하고, 평범한 놀이가 공간의 주제 및 특성과 결합하여 특정하고도 구체적이며 규격화된 체험을 하며, 환경이나 전시체험, 실험, 교육 프로그램을 통해 경쟁, 우연, 모방, 현기증을 연출하는 일종의 '놀이판', '놀이 환경'을 제공해주는 곳이라고 하겠다. 어린이 놀이에 관한 학자들의 관점은 다음과 같다.

17세기에는 "놀이란 일에서 회복하는 것"으로 놀이는 단순히 정의되었지만 19세기에 이르러 쉴러(Schiller)와 라자러스(Lazarus)가 놀이에 관한 저서를 쓰면서 놀이에 관한 최초의 가설이 수립되었다. 쉴러는 "놀이란 힘을 저장하는 것으로 풍부한 에너지의 표현이며 또한 모든 예술의 근원"이라고 생각하였고, 라자러스는 "놀이는 원기를 회복시키는 활동으로서의 능동적인 오락"이라고 간주하였다.

쉴러의 영향을 받은 스펜서(Spencer)는 "어린이의 놀이란 증기가 뿜어 나오는 것이고 잉여 에너지의 목적없는 표현"이라고 하였다.[4]

---

4 수잔나 밀러, 『놀이의 심리』, 형설출판사, 1984, 12~13쪽.

로저스와 소여(Rogers&Sawyer)는 "놀이는 곧 어린 아이들의 생활이다."라고 개념화하였다.[5] 에릭슨(Erikson)은 "자라나는 어린이에게 놀이는 역할과 비전에 의해 안내하며, 상상의 선택의 여지의 경험을 주는 훈련기반이다."라고 놀이를 정의하였다.

프로이드(Freud)는 정신분석학적 입장에서 어린이의 놀이를 "기쁨과 만족감을 추구하는 쾌락의 원리"라고 이해면서 특히 놀이를 아동의 심리치료적 가치에 중점을 두었다.

H.존더반(H.Zondervan)과 F.J.J.부이텐디크(F.J.J.Buytendijk)는 "놀이는 인간에 해로운 충동을 해롭지 않게 만드는 진정작용으로서, 일방적인 행동으로 소비된 에너지의 필요한 회복제로서, 현실 속에서 만족할 수 없는 여러 가지 소원을 허구에 의해 성취해 보려는 것[6]"으로 인간의 욕망에서 놀이의 개념을 찾았다.

피아제(Piaget)는 인지발달적 입장에서 "놀이는 이 세상을 이해하는데 도움을 주는 매개물의 구실을 함과 동시에 어린이 인지 발달의 지표"임을 강조하였다. 특히 피아제는 연령에 적합한 놀이도구와 놀이활동이 수반되어야 한다고 주장하면서 어린이의 놀이와 환경과의 관계를 언급하여 어린이 놀이에 대한 새로운 시각을 제공하였는데, 어린이의 지적 발달은 환경과의 상호작용에 의한 결과이며 이러한 환경과의 유기적 관계는 놀이를 통해서 일어나기 때문에 놀이는 어린이의 지적 성장에 있어서 본질적인 활동이라 하였다. 또한 놀이는 어린이들의 축소된 세계이며 놀이를 통하여 조화있는 인간으로 성장할 수 있는 통로역할을 하기 때문에 매우 중요한 활동이라고 하였다[7].

어린이의 놀이는 결국, 파이디아의 측면에서 어린이에게 있어 시간과 공간을 초월한 일상과 다른 세계를 의미하고, 루두스의 측면에 있어서도

5 박찬옥, 김영중, 정남미, 임경애 공저, 『유아놀이지도』, 학문사, 2005, 15쪽.
6 호이징하, 앞의 책, 8쪽.
7 서자현, 「Sykes의 박물관 학습이론에 의한 어린이 박물관의 공간계획에 관한 연구」, 건국대학교, 석사학위논문, 2008, 21쪽.

이러한 점이 구체적으로 실현된 테마파크, 어린이 박물관, 어린이 복합공간 등이 이미, 그리고 앞으로도 계속 마련되고 있는 것이다.

앞에서 살펴본 바와 같이 놀이라는 것은 한 가지로만 정의내릴 수 없는 복잡하고 다의적인 의미를 가진 것이지만, 여러 학자들의 정의를 종합해 보면 놀이의 정의와 특징은 다음과 같이 정리할 수 있다[8].

- ○ 어린이의 놀이는 즐거움을 주는 활동이자 생활 자체이다.
- ○ 놀이는 육체적 · 정신적 · 인지적인 어린이의 성장을 돕는다. 어린이가 그 문화에서 자신의 위치를 발견하고, 스스로 성장과 발달의 신비를 경험하기 위해서는 충분한 시간이 필요하다.
- ○ 어린이의 놀이는 자발적인 활동으로 놀이의 세계에서는 어린이 자신이 결정권자이며 놀이의 지배자로서 의지력을 형성하며 어린이의 자아를 발전시킨다.
- ○ 놀이와 환상은 어린이시기에 필수적이며 모험의 요소를 가지고 있어서 어린이의 자발적인 경험과 탐색적 시도를 유발하는 특성을 내포하고 있다.
- ○ 어린이의 놀이 속에서 사물, 행동, 상황 등은 일상적인 의미가 무시되고 새로운 의미로 대체되는 비일상성을 띤다.
- ○ 어린이의 놀이는 언어습득의 기초를 제공하고 대외관계의 형성과 집단생활을 촉진시키며 이것은 어린이가 태어나서 사회적 존재가 되기 위한 과정이다.
- ○ 어린이의 놀이는 신체적 통제와 협응, 민첩함을 향상시키고 공간관계, 방향성도 습득하게 하며, 사물의 속성과 무게 · 부피 · 깊이 · 질감 등의 근본적인 개념을 습득하게 된다.
- ○ 어린이의 놀이는 흥미와 주의집중을 향상시키게 된다. 놀이를 행하고 있는 자체가 몰입을 뜻한다.

---

8 Frank&Theresa Caplan, 『놀이와 아동』, 교육과학사, 1989, 13~20쪽.

○ 어린이의 놀이는 성인의 역할을 경험하는 방법이다.

○ 어린이는 놀이를 통해 세계를 이해한다.

○ 어린이의 놀이는 그 자체가 학습이다.

○ 어린이의 놀이는 중요한 활력소의 역할을 한다.

○ 놀이는 어린이로 하여금 창조력을 가지게 한다.

○ 어린이는 놀이의 결과보다는 놀이를 하는 과정 자체를 즐긴다.

어린이 놀이의 특징 속에서 자발성, 기쁨(즐거움, 재미), 운동, 모방, 몰입, 경험, 자기표현, 환상, 도피(비일상성), 환경 등의 키워드를 뽑아낼 수 있다.

자발성은 어린이가 놀이 시에 환경이나 타인에게 속박되지 않고, 스스로 선택한다는 것이다. 타인에게 구속되고, 강요되는 순간 놀이는 노동이나 일로 변한다. 따라서 자발성은 놀이 개념의 본래적인 것이다.[9]

기쁨(즐거움, 재미)는 일상생활의 규칙이나 속박에서 벗어나 즐거움이나 재미를 느끼는 것을 말한다. 어린이의 경우 즐거움이나 재미가 없으면 금방 놀이를 멈춰 버린다.

운동은 어린이에게 있어 활발한 몸의 움직임을 뜻한다. 소꿉놀이와 같이 손을 위주로 하는 것이건, 뛰고, 구르는 등 몸 전체를 다 사용하는 것이건 동적인 활동을 의미한다.

모방은 어린이에게 있어 좋은 역할 학습이자 그 자체이다. 어른의 직업이나 옷차림뿐만 아니라 또래의 행동을 따라함으로써 직접 만족 또는 간접 만족을 느끼게 된다.

몰입은 어린이들이 어떤 놀이나 놀이 환경에 푹 빠져서 집중하거나 마치 마법에 걸린 것과 같은 모습을 하는 것을 말한다.

경험은 아직 어린이들이 만나지 못한 어른의 세계, 직업의 세계, 미지의 세계, 이미 사라진 공룡의 탐험, 동화의 세계 등 과거나 미래의 과학,

---

9 권영걸, 앞의 글, 303쪽.

역사, 직업, 꿈 등 어린이들이 직접 경험하지 못한 세계를 체험을 통해 인식하게 되고, 그것이 어린이에게 특별한 느낌과 교훈을 갖게 되는 것을 의미한다.

자기표현은 같은 공간에 있거나 같은 놀이감이 주어져도 어린이 각각은 다르게 노는데 이것은 결국 어린이 각자의 성격이나 성향을 표현하는 것 이다.

환상은 일상에서 겪지 못한 것을 일종의 가상 세계를 통해 겪게 되는 것을 의미한다.

도피(비일상성)은 어린이들이 속해 있는 일상적인 영역이나 집단의 규율에 동요되지 않고, 현실적인 욕구나 불만을 마음껏 해소할 수 있음을 의미한다. 이런 의미에서 경험, 몰입, 환상, 도피(비일상성)는 상관관계가 있다.

환경은 어린이들의 놀이가 환경에 영향을 받는 것을 의미하는 것으로 집, 박물관, 테마파크, 기타 놀이공간과 같은 물리적인 공간 환경뿐만 아니라 부모, 교사, 친구 등과 같은 인적인 환경에도 영향을 받는 것을 의미한다.

흔히 놀이라는 것은 일하지 않고, 시간을 낭비하는 행위의 부정적인 인식으로 받아 들여졌고, 현재까지도 그러한 인식은 어느 정도 유지되고 있다. 그러나 어린이의 놀이는 작정하거나 인위적이지 않고 자연스럽고 자발적으로 이루어지는 활동으로, 어린이는 놀이를 하는 과정 속에서 몰입하고, 즐거움 · 기쁨 · 성취감 · 자신감 · 만족감 등 여러 감정을 느낀다. 역할놀이나 모방을 통해서 어떤 대상이나 환경 또는 세계를 이해하고, 육체적 · 정신적 · 인지적 성장을 거듭하게 된다.

2) 어린이 놀이 유형[10]

어린이는 연령별로 놀이 유형이 다른데, 피아제(Piaget), 스밀란스키(Smilansky), 파튼(Parten)은 각각 다음과 같이 놀이를 분류하였다.

---

10 강영식, 「유아 놀이행동에 관한 연구」, 건양대학교, 석사학위논문, 2000, 15~18쪽.

피아제는 반복놀이(practical play, 감각운동기, 0세~2세), 상징놀이(symbolic play, 전조작기, 2세~6세), 규칙이 있는 게임(games with rules, 구체적 조작기, 6세~10세)으로 놀이를 유형화하였다. 반복놀이 시기의 어린이들은 운동조절 능력을 획득하고 움직임과 그 효과에 대해 지각하고, 놀이는 대개 반복과 다양한 동작으로 이루어진다. 상징놀이 시기의 어린이들은 자신의 느낌이나 흥미, 활동들을 임의의 상징을 사용하여 자유로이 표현할 기회를 제공받는다. 따라서 어린이는 놀이를 통해 그 자신을 창조적으로 표현하고 풍부하고 만족스러운 환상의 생활을 할 수 있어서 이 놀이는 아동 놀이의 최고점에 해당한다. 규칙이 있는 게임의 경우 추리나 상징의 사용이 더욱 논리적이고 객관적으로 되는 시기여서 또래 집단을 형성하고, 어떤 사람과 함께 또는 어떤 사물을 가지고 놀기 위한 집단적 의사 결정을 중요시하며, 사회화와 규칙성, 자기훈련, 명예와 희생에 대한 원칙 등의 요소를 포함하는 규칙에 의한 놀이를 즐긴다.

스밀란스키는 놀이를 기능놀이(functional play, 0세~2세), 구성놀이(constructive play, 2세~6세), 극화놀이(dramatic play, 2세~6세), 규칙있는 게임(games with rules, 6세~10세)으로 분류하였다. 기능놀이는 물건을 갖고 놀든 갖지 않고 놀든 단순하고 반복적인 근육운동 놀이를 말하며, 구성놀이는 물건을 조작해서 새로운 것을 창조하거나 만들어내는 놀이를 말한다. 극화놀이는 개인이 요구와 필요를 만족시키기 위해 상상적인 상황으로 대치하는 놀이로 처음에는 간단한 활동으로 시작하지만 점점 더 정교한 계획으로 발전한다. 규칙있는 게임은 규칙이나 구조 등 일정 목적을 가지고 하는 활동으로 미리 정해진 규칙에 따라 하는 놀이 협동과 경쟁의 사회적 개념을 이해하게 되고 보다 객관적으로 일을 하고 있다고 생각할 수 있게 된다.

파튼은 몰입되지 않는 행동(unoccupied behavior, 0세~2세), 혼자 놀이(solitary play, 2세~2.5세), 쳐다보는 행동(onlooker behavior, 2세~2.5세), 병행놀이(parallel play, 2.5세~3.5세), 연합놀이(associative play, 3.5세~4.5세), 협동놀이(cooperative play, 4.5세 이상)로 놀이를 유형화하였

다. 몰입되지 않는 행동은 겉으로 보기에는 놀고 있지 않는 것처럼 보이지만, 매순간 주변에서 일어나는 일에 흥미를 가지며, 흔히 혼자서 자신의 신체를 가지고 놀기를 잘한다. 혼자놀이는 혼자서 장난감을 가지고 독립적으로 노는 놀이로서 다른 유아와 가까이 놀면서도 다른 사람이 무엇을 하든지 관계없이 서로 다른 놀이를 한다. 쳐다보는 행동의 경우 대부분의 시간을 다른 유아가 노는 것을 쳐다보며 지내는 것을 말한다. 병행놀이는 같은 공간에서 동료들과 비슷한 장난감을 가지고 놀이를 한다. 그러나 옆의 유아들의 활동에 영향을 미치거나 수정하려고 하지 않을 뿐만 아니라 상호간에 지켜야 할 규칙이 있는 것도 아니어서 함께 놀이를 하는 것이 아니라 옆에서만 노는 것이다. 연합놀이는 둘이나 혹은 여러 아동이 일정한 놀이 규칙에 따라서 한 가지 놀이를 하지만, 두 편으로 나누어서 리더가 되거나 서로의 역할을 분담하는 일은 없다. 협동놀이는 여러 아이들이 편을 이루어서 노는 놀이로서 놀이의 규칙에 따라 각자의 역할이 정해져 있고 그에 따라 놀이를 조직적으로 진행시킨다.

피아제, 스밀란스키, 파튼의 어린이 놀이 유형을 정리하면 다음과 같다.

〈표 1〉 어린이 놀이 유형

	피아제	스밀란스키	파튼
분류	·반복놀이(감각운동기, 0세~2세) 반복동작	·기능놀이(0세~2세) 단순하고 반복적인 근육놀이	·몰입되지 않는 행동 (0세~2세) 매순간 흥미, 신체 놀이
		·구성놀이(2세~6세) 창조놀이	·혼자 놀이(2세~2.5세) 독립적 놀이
	·상징놀이(전조작기, 2세~6세) 임의의 상징 사용		·쳐다보는 행동(2세~2.5세) 다른 유아를 쳐다봄
	·규칙이 있는 게임 (구체적 조작기, 6세~10세) 논리적, 객관적, 규칙있는 놀이	·극화놀이(2세~6세) 상상놀이	·병행놀이(2.5세~3.5세) 같은 공간에서 비슷한 놀이
		·규칙있는 게임 (6세~10세) 놀이 협동, 경쟁 놀이	·연합놀이(3.5세~4.5세) 규칙에 따른 비역할 놀이
			·협동놀이(4.5세 이상) 규칙에 따른 역할 놀이

위의 놀이 유형에 맞는 놀이의 종류는 다음과 같다.

〈표 2〉 어린이 놀이 유형에 따른 놀이 종류

연령	명칭	놀이
0세~2세	실천놀이, 반복놀이, 기능놀이, 구경하기	징검다리, 건너뛰기, 쳐다보기, 단순한 블록 쌓기 등 감각적 즐거움을 얻는 놀이
2세~6세	혼자놀이, 상징놀이, 극화놀이, 구성놀이, 연합놀이, 병행놀이	놀이기구타기, 역할놀이(소꿉놀이, 학교놀이, 인형놀이, 병원놀이), 모래놀이, 술래잡기 등 가상과 가장의 요소가 첨가된 놀이
6세~10세	규칙있는 게임, 협동놀이	고무줄놀이, 스포츠 등 함께하는 놀이

이상의 유형의 따른 구체적인 어린이의 놀이는 2세까지는 감각에 의존하는 놀이에 집중하고, 6세까지는 기구나 도구를 이용하고, 어른의 역할과 세계를 모방하는 상징 및 역할놀이에 몰입하며, 10세까지는 규칙을 지키고 다른 어린이나 어른들과 함께하는 협동놀이가 놀이의 중심이 됨을 알 수 있다. 어린이의 놀이 유형을 과학관이나 박물관에 반영할 때 어린이는 그 공간을 일종의 놀이공간으로 이해하므로 전시물을 구성할 때 연령에 맞는 놀이를 과학 체험에 대입하여 발달 단계에 맞는 친숙한 전시가 되도록 구 성하여야 함을 알 수 있다. 예를 들면, 2세에서 6세까지의 어린이들의 주요 놀이인 놀이기구타기를 과학원리를 이해하는 데에 적용한다면 자동차 모형의 놀이기구를 타고, 신체내부를 탐험하는 가상현실을 체험해 볼 수 있고, 6세에서 10세까지의 어린이들의 놀이 특성인 협동놀이의 경우 실험이나 퀴즈를 함께 푸는 형태로 과학관 프로그램을 진행할 수 있다.

3) 어린이 놀이기구

하젤(Hazel Kepler, 1952)는 유익한 놀이기구의 조건으로 상상력을 일으키는 것, 활동력이나 독창력을 증진시키는 것, 기술을 익힐 수 있는 것,

육체적 · 정신적 · 사회적 발달에 기여하는 것의 4가지를 제시하였다.[11]

카를로트(Carlotte G. Garrison)는 어린이의 발명성 · 독창성 · 창의성과 부지런함을 지도하는 자아 활동을 자극하는 것, 어린이의 성숙 정도에 맞아야 하며 능력 · 흥미 · 구성력에 맞는 것, 모든 놀이기구가 아름다울 수는 없지만 미적 · 예술적 원리에 맞아야 함, 놀이기구가 학습에 적당히 사용되고 좋은 기능을 보여줘야 함, 위생적이며 쉽게 세탁하거나 소독할 수 있는 것, 어린이가 성인의 지도없이 혼자 놀 수 있는 기구를 반드시 선택해야 함, 기술을 익힐 수 있는 것, 육체적 · 정신적 · 사회적 발달에 기여하는 것의 8가지를 놀이기구의 조건으로 하였다[12].

〈표 3〉 어린이 놀이 영역과 놀이기구

놀이 영역	놀이기구
소꿉놀이	탁자, 의자, 서랍장, 주방시설 및 도구 등
책보기	동화, 동시, 동요 등
쌓기	유니트 블럭, 속이 빈 큰 적목, 해머 블럭 등
미술놀이	색분필, 점토, 크레용, 색종이 등
과학놀이	동물이나 곤충을 키우는 집, 공, 물, 힘
조작놀이	그림 맞추기, 다이어 블럭 등
모래놀이	양동이, 헌수저, 깔대기, 체, 부삽, 계량컵, 모래발, 모래상자 등
물놀이	병, 물뿌리개, 컵, 비누, 물감 등
목공놀이	조임쇠, 나무토막, 드릴, 망치, 못, 작업대 등
음악놀이	타악기, 오디오, 피아노 등

앞의 조건을 반영한 놀이영역에 따른 놀이기구와 어린이 발달에 따른 놀이기구를 분류하면 다음 표와 같다.

11 Hazel Kepler, *The Child and His Play*, Funk&Wagnalls Company, New York, 1952,19쪽.

12 이유선, 「유치원 아동에게 요구되는 유구에 관한 연구」, 이화여자대학교, 석사학위논문, 1964, 23~24쪽.

〈표 4〉 어린이 발달에 따른 놀이기구

<table>
<tr><th colspan="2">분류</th><th>놀이기구</th></tr>
<tr><td rowspan="3">신체적 발달을 돕는 놀이기구</td><td>활동적인 놀이기구</td><td>미끄럼틀, 그네, 공, 팽이, 줄넘기, 고리 끼우기</td></tr>
<tr><td>이동 놀이기구</td><td>자동차, 로봇, 비행기, 기차, 오토바이, 배, 탱크, 손수레, 버스, 트럭, 헬리콥터</td></tr>
<tr><td>타는 놀이기구</td><td>자동차, 자전거, 동물</td></tr>
<tr><td rowspan="3">지적 발달을 돕는 놀이기구</td><td>탐구 놀이기구</td><td>시계, 현미경, 망원경, 자석, 돋보기, 사진기, 라디오,TV</td></tr>
<tr><td>기술개발 및 창작적 쌓기 놀이기구</td><td>형태 모으기, 끼워 맞추기 게임류</td></tr>
<tr><td>수 및 언어 관련 놀이기구</td><td>셈하기, 글자 맞추기, 숫자놀이, 오목</td></tr>
<tr><td colspan="2">정서적 발달을 돕는 놀이기구</td><td>동물, 인형, 여러 가지 리듬악기, 점토</td></tr>
<tr><td colspan="2">사회적 발달을 돕는 놀이기구</td><td>총, 칼, 방패, 수갑, 무전기, 전화, 활, 소꿉놀이 도구, 병원놀이기구</td></tr>
</table>

본 책에서는 어린이의 성장이나 능력 발달 정도에 따라 창의성과 독창성을 길러 줄 수 있고, 놀이를 통하여 과학과 예술이 조화되어 미적인 체험을 할 수 있도록 하며, 다양한 놀이영역에 맞는 놀이기구를 배치하는 등, 조건을 충족하는 어린이 놀이기구를 어린이 과학관의 체험물에 적용하여 지적 발달뿐만 아니라 신체적, 정서적, 사회적 발달을 함께 기대할 수 있는 놀이 체험 공간이 될 수 있도록 한다.

4) 어린이 놀이 공간

어린이에게서의 놀이는 총체적인 학습과 연계되는 것이다. 특히 어린이 과학관(과학탐구관, 우주센터, 자연사박물관 등 과학관련 된 공간 포함)에서 놀이를 통한 학습은 두드러진다. 과학은 그 단어만으로도 호기심을 유발하고, 어린이들은 과학관에서 놀이와 체험을 통해 즐기고 학습하며 과학의 원리를 자연스럽게 이해한다. 이러한 측면에서 어린이 과학관은 어린이의 신체적・정서적・인지적・사회적 발달을 위한 광의의 박물관이자 테마파크와 같은 놀이공간이라고 볼 수 있다. 어린이의 놀이공간은 아이들에게 일상생활에 필요한 정보와 경험들을 제공하는 주된 환경으로 이용될 수 있어야 한다.

그렇다면, 어린이의 발달을 위한 공간을 조성할 때 중시해야할 것은 세상의 많은 경험을 다감각을 이용하여 체험할 수 있도록 "일상의 축소판" 또는 "축소된 세계"로 계획하는 것이 좋다. 이 "일상의 축소판" 이나 "축소된 세계"는 어린이 지향적인 디자인(Child-oriented Design)으로 구성되어야 한다. 이것은 공간의 주 사용자인 아동의 발달 수준, 흥미, 욕구 등이 디자인에 전제되어야 함을 의미한다. 그린만(Greenman, 1988), 올즈(Olds, 1989), 웨인스타인(Weinstein, 1987)은 어린이 지향적 디자인의 개념을 다음과 같이 정의내렸다[13].

○ 움직임(Movement)

피아제는 어린이는 신체적 동작을 통해 공간 내에서 자유롭게 움직일 수 있으며, 다양한 자세를 취해보고, 사물과 신체와의 경계를 형성하며 힘을 키우게 된다고 하였다. 그린만(Greenman, 1988)은 즉, 어린이에게 있어 움직임과 놀이는 학습의 한 방법이므로 어린이 과학관에서의 전시공간은 보호자의 관찰이나 관리가 용이한 상태에서 어린이의 움직임을 가능하게 하는 물리적 환경을 조성한다고 하였다.

○ 편안함(Comfortability)

어린이는 자신이 속해 있는 환경이 안전하고 깨끗하다고 느낄 때, 적극적으로 체험하고 놀이한다. 올즈(Olds, 1989)는 이러한 환경이 어린이의 주의력, 기억력 발달 을 적극적으로 지원하며, 어린이들이 휴식하고 재충전할 수 있도록 하는데 기초가 된다고 하였다. 편안함을 위한 요소로 변화 속의 동질성, 마감재, 공간적 다양성, 조명의 4가지 요소를 들었다.

13 이연숙, 『어린이집 실내공간 디자인이론』, 교육과학사, 1997, 46~54쪽.

변화 속의 동질성은 자연처럼 인간에게 가장 좋은 쾌적한 경험을 제공하는 환경으로 적절한 감각적 변화를 보여주는 것과 같이 일정한 리 듬감 있는 패턴으로 환경적 변화를 주는 것을 말한다. 마감재는 사람들이 공간에서 느끼는 감정과 실내 분위기에 영향을 미친다. 질감, 색, 형태는 시각과 촉각을 자극 하는 것으로 예를 들면, 안락한 가구, 따뜻한 나무 질감, 말랑말랑한 놀이도구 등이 여기에 해당한다. 공간적 다양성은 물리적 환경인 건축의 스케일, 높이 등에 관한 것으로 공간의 대비인 밝고/어두운 장소, 조용하고/시끄러운 장소 등 적절한 변화를 주는 것을 말한다. 조명은 비교적 값싸게 그 이상의 효과를 낼 수 있는 것으로 조명의 변화에 따라 시간과 공간의 변화를 경험하거나 그 자체가 미적 체험물이 되기도 한다.

○ 자아 존중감(Self-Esteem)

어린이 자신이 중요한 사람으로 인정됨을 느끼며, 행동에 대한 자신감을 갖게 됨을 말한다.

○ 통제(Control)

어린이는 주변의 정보를 인지하고, 조직화하는 능력을 발달하는 과정이며, 신체가 작기때문에 전시대나 전시 시설의 스케일을 줄임으로써 어린이가 사용하기에 쉽고 편리하게 조절되어야 한다.

○ 부드러움(Softness)

부드러움은 어린이 공간에서 안락함을 주는 특징으로 감각적이고 촉각적인 환경의 질을 보여준다. 예를 들면, 말랑말랑한 재료, 모래, 잔디, 러그나 카펫, 물놀이, 찰흙, 안락한 가구, 흙, 동물 등이 여기에 해당한다.

○ 도전(Challenge)

도전은 어린이놀이에서 중요한 부분이나 안전과 반대되는 위치에 있어 특히 중요 하게 고려되는데 안전한 방식으로 제공하면서 발달 단계에 따른 도전적 체험 요소가 구비되어야 한다.

○ 프라이버시(Privacy)

어린이의 경우 피곤하거나 자제력이 부족할 경우 분리된 공간에서 잠깐 쉬어갈 수 있어야 한다.

○ 질서(Order)

어린이 공간은 규칙적인 질서의 공간과 무규칙적인 무질서의 공간을 동시에 계획하여 적절한 자극을 줄 수 있어야 한다.

○ 안전(Security)

어린이는 안전에 대한 인식이 비교적 낮아서 놀이에 열중하다 보면 위험에 대해 인식하지 못한다. 그렇다고 안전만 고려하는 어린이 공간은 무미건조하다. 도전과 안전을 적절히 배치하여 어린이 발달을 장려해야 한다.

○ 융통성(Flexibility)

어린이나 보호자의 요구가 지속적으로 변화하므로 그들이 개입하여 가변적으로 물리적 환경을 변화시킬 수 있는 가능성을 제공하여 창의성을 개발할 수 있어야 한다.

어린이 지향적 디자인의 기타 다른 요소로는 유희성(Amusement)이 있다. 어린이 과학관이나 박물관에 있어서 어린이에 흥미를 유발시킴으로써 교육시킬 수 있는 공간이어야 한다는 점에서 참여자는 유희적 체험을 극대화 할 수 있어야 하고, 비일상적 · 비현실적 세계의 사건에 몰입할 수 있도록 체험과 공간 환경이 사용자인 어린이와 일체감을 이룰 수 있어야 한다.

여기에서 제시하는 어린이 과학관은 과학과 다른 분야와의 결합을 통한 통합능력을 배양하는 과학관이므로 어린이 지향적 디자인을 물리적 공간에 적용하기 위하여 앞에서 제시한 어린이의 발달 측면과 결부시켜 적용하면 다음과 같다.

〈표 5〉 어린이의 발달을 돕기 위한 물리적 공간의 요소

발달측면	물리적 공간의 요소	특성	적용 예
신체 및 운동발달	움직임 (Movement)	.자유로운 신체 동작 .사물과 신체와의 경계 형성	.개방형 공간 .탑승형 체험물
	통제 (Control)	.어린이 신체에 맞는 스케일 .어린이 행동 관찰 공간	.전시대, 전시물, 의자, 탁자 등
	도전 (Challenge)	.시행착오 유발 .능동적, 자발적 체험	.조작하기 .올라타기 .실험공간 .퀴즈, 게임 공간
	안전 (Security)	.안전한 물리적 공간 .도전과의 적절한 조화	.둥근 모서리 .푹신한 바닥, 벽
정서 및 인지발달	편안함 (Comfort)	.깨끗하고 편안한 공간 .밝고 조용한 공간 .휴식공간	.편안한 색채, 조명 .자연친화적 바닥 .편안한 휴식시설
	자아 존중감 (Self-Esteem)	.욕구충족 및 임무완수 환경 .시설물, 공간 이동에 대한 스스로의 조절 능력 제공	.가구, 조형물, 체험물의 유아스케일
	부드러움 (Softness)	.감각적인 환경	.말랑말랑한 도구 .안락한 가구
	프라이버시 (Privacy)	.사적인 공간 마련 .전시 공간과의 분리	.화장실 .수면실 .휴게실
	유희성 (Amusement)	.즐거움을 주는 공간	.동화적 환경 .마술적 환경
사회성 발달	질서 (Order)	.규칙적, 무규칙적 공간을 동시에 제공	.대기공간, 이동공간 .자유관람 공간
	융통성 (Flexibility)	.변형, 조작 가능한 환경 .창의성, 사회성 개발의 공간	.물, 흙, 점토 등이 제공되는 공간

2. 어린이 교육체험

1) 일반적인 의미의 체험

체험은 자신이 직접 겪은 체험과 간접적으로 겪은 경험과 거기서 얻은 지식이나 기능을 말한다[14]. 직접 체험의 경우 인간이 대상과의 접촉 시 감각기관인 오관을 통해서 외부의 자극을 받아들이는 과정을 의미하는데, 이것은 인간의 기억과정에 지대한 영향을 미치고, 새로운 체험을 통해 경험을 재구성하고 학습한다.

그렇다면 체험에 교육(학습)을 접목시켰을 때 교육 체험의 의미는 무엇인지 알아본다. 전통적인 교육은 학습자가 교수자의 일방적인 설명에 의존하여 학습하는 것이지만 교육 체험은 이러한 지식의 전달에만 그치는 것에 대한 반성으로 구체적이고, 오감을 활용한 직접적인 경험을 통해 살아있는 지식을 배움으로써 온 몸으로 체득하여 얻을 수 있는 교육적인 효과를 말한다. 교육 체험은 정답을 맞추는 것이 중요한 게 아니라 답이 될 수 있는 과정을 찾아가는 것에 비중을 둔다. 즉, 어떤 현상에 대해서 단순히 바라보거나 수동적으로 받아들이는 것이 아닌 무엇인가를 '하는' 것이 교육 체험이다.

교육 체험의 특징은 전통적인 학습과 상반되는 순서로 전개된다. 전통적인 학습은 일반적인 이론이나 원리를 교사가 제시하고, 학습자는 그 이론에 따른 특수한 사례에 적용하는 법을 습득하지만 교육 체험은 학습자가 특정한 상황에서 행동을 하고, 그 행동의 결과를 관찰한다. 또 행동과 결과의 관계를 이해한다. 즉 전통적인 학습은 이미 형성되어 있는 지식을 전달하는 것이고, 교육 체험은 지식을 형성하는 과정 자체를 학습의 목적으로 하고 있다는 것이다.

교육의 방법에 있어서도 전통적인 학습은 주로 언어에 의해서 이루어

---

14 체험과 경험의 영어표기는 experience, go through, undergo로 동일하다. 사전적으로는 체험은 직접적 체험, 경험은 직간접적 체험을 포함한다고 되어 있으나 교육학 사전에서는 체험을 경험과 같은 의미로 해석하며 실제로는 대부분 혼용하여 사용한다.

지는 반면, 체험을 통한 학습은 실험, 관찰, 견학, 답사 등 행위를 함으로써 형성된다. 그래서 전통적인 학습과는 달리 지식과 행동의 간극이 발생할 소지가 적고, 구체적인 활동을 통해 학습이 이루어지므로 학습한 내용을 오래 기억하게 된다.

따라서 교육 체험의 효과는 학습자의 주체적인 문제 해결 능력과 태도를 갖게 해주며, 구체적이고 실제적인 학습 경험의 기회를 제공하고, 학습에 대한 자연스러운 동기 부여와 흥미, 호기심을 유발하는 교육, 그리고 이론과 실제를 통합할 수 있는 효과를 갖는다.

2) 존 듀이(John Dewey)의 '생활 경험(Life experience)'

경험에 관하여 가장 체계적이고 현대적인 시각으로 논한 사람으로 평가받는 이는 미국의 심리학자, 철학자, 교육운동가인 존 듀이(John Dewey)다. 그는 '생활 경험(Life experience)'를 강조하였는데 이것은 단지 의식주와 같은 일상적인 활동만을 의미하는 것이 아니라, 과학 · 종교 · 정치 · 경제 · 예술 등의 전문적인 여러 활동을 포함한 생활로서의 경험을 주장하였다. 듀이의 교육사상은 20세기 이후 특히 어린이 교육 분야에 큰 영향을 주었는데 듀이는 교육과 경험의 관계를 '교육은 경험 안에서(within), 경험에 의해서(by), 경험을 위해서(for) 이루어지는 발전[15]'이라고 하였다.

듀이와 다음에서 다룰 조셉 파인 2세와 제임스 길모어의 경험에 관한 공통된 의견은 인간과 환경, 인간과 이벤트가 상호작용(Interaction)함으로써 경험이 성립된다는 것이다. 듀이는 상호작용에 있어서 두 가지의 경험을 제시하였는데 하나는 '과정으로서의 경험'이고, 다른 하나는 '결과로서의 경험'이다. 전자는 경험의 방법까지 포함하는 것으로서 인간과 환경이 상호작용하는 경험활동이며, 후자는 경험활동을 통해서 습득된

---

15 John Dewey, *Experience and Education*, New york, The Macmillan Co, 1938, 28쪽.

결과로써 의식에 내재화된 경험된 내용이다. '과정으로서의 경험'은 다시 능동적 경험과 수동적 경험으로 나눠지는데 능동적 경험은 해보는 것(trying), 행하는 것(doing)이고, 수 동적 경험은 겪는 것(undergoing), 당하는 것(suffering)이다. '결과로서의 경험'은 양적 의미와 질적 의미로 구분되는데 양적 의미는 행위나 사고 과정을 통해서 깨닫게 되는 모든 것이고, 질적 의미는 양적 의미의 내용 중 긍정적인 경험을 제공하는 것이다. 이 책의 대상인 테마파크형 어린이 과학관의 경우 과정으로서의 경험은 과학관에서 전시물을 보는 것, 테마화된 공간 안에 있는 것은 수동적 경험에 해당하고, 각종 작동 전시를 조작해 보는 것, 이벤트에 참여하는 것은 능동적 경험에 해당한다. 그리고 결과로서의 경험은 기초 과학의 지식을 얻게 되는 것, 신기술의 트렌드를 파악하게 되는 것 등 은 양적 의미에 교육적 효과가 있었다, 즐거운 장소였다, 새로운 세상에 와있다, 다시 가고 싶다라는 느낌을 가지게 되는 것은 질적 의미에 해당한다. 결과로서의 경험은 결국 연속적인 경험을 창출한다.

다음에서는 조셉 파인 2세와 제임스 길모어의 고객 체험의 4요소를 살펴보고, 그들이 존 듀이의 철학적 경험이론을 경제학적으로 계승하여 다양한 콘텐츠에 어떻게 적용하였는지를 알아본다.

3) 조셉 파인 2세(B.Joseph Pine Ⅱ)와 제임스 길모어(James H. Gilmore)의 '고객 체험의 4요소'

조셉 파인 2세(B.Joseph Pine Ⅱ)와 제임스 길모어(James H.Gilmore)는 1998년에 『하버드 비즈니스 저널(Harvard Business Journal)』에 실은 '경험 경제로의 초대(Welcome to the Experience Economy)'라는 기사에서 상품의 가치를 높이기 위한 방법을 모색하였는데, 제조품, 서비스와는 달리 체험은 인상적인 차세대 상품이라고 정의하였다. 체험은 공급자나 생산자가 제공하는 상품 자체에 가치를 두기보다는 제공자가 제공한 것에 참여하는 것을 더 가치 있게 생각하며, 좀 더 새롭고 오래 남을 만한 체험에 참여하고 싶어한다고 주장하였다. 상품이나 서비스는 소비자에게 기성복처럼 맞춤화(customized) 된 것이라면, 체험은 지극히 사적인(personal) 것이기에 어느 누구도 동일하게 체험을 소유하지 않으며 각각의 체험은 무대에 올려진 이벤트와 개인이 상호작용하면서 생겨나는 것이라고 하였다. 상호작용의 결과는 개인에게 오랜 기억을 남기고, 재구매, 재체험, 재방문을 촉진시킨다. 이것은 듀이의 경험의 연속성과 일치한다.

조셉 파인 2세와 제임스 길모어는 체험을 구성하는 요소로 엔터테인먼트 체험(Enter- tainment Experience), 교육체험(Educational Experience), 현실도피 체험(Escapist Ex- perience), 미적 체험(Aesthetic Experi-ence) 등 4가지로 분류하였다. 그들은 체험 연출은 그저 고객들을 즐겁게 하는 것이 아니라 그 들을 참여시켜야 한다고 주장하면서 고객의 참여와 제공되는 콘텐츠의 관계를 [그림 1]과 같이 묘사하였다[16].

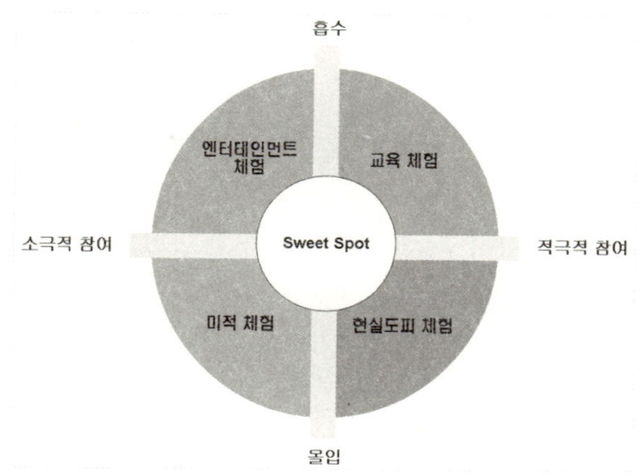

[그림 1] Pine&Gilmore의 체험 영역

16 조셉 파인 2세, 제임스 길모어, 『고객 체험의 경제학』, 세종서적, 2001, 57쪽.

그림에서 보이는 수평축은 관람자의 참여 정도를 말하는 것으로 한쪽 끝에는 소극적 참여(Passive participation)가, 다른 한쪽 끝에는 적극적 참여(Active participation)가 자리잡고 있다. 소극적 참여는 관람자가 단순히 관객이나 청중의 입장에서 이벤트에 직접적 영향을 미치지 않고 관람하는 것으로 공연, 영화, 드라마 관람이나 시청이 그 예이다. 적극적 참여는 관람객이 직접 이벤트에 영향을 미치거나 체험을 이끌어내는 것으로 테마파크 · 체험관 · 과학관 · 게임 · 카지노 등이 그 예이다.

수직축은 관람객과 이벤트를 결합시키는 연관성이나 환경적 관계를 나타내는 것으로 한쪽 끝에는 흡수(absorption)[17]가, 다른 한쪽 끝에는 몰입(immersion)이 위치하고 있다. 흡수는 TV를 시청하는 것처럼 체험을 마음 속에 심어줌으로써 자연스럽게 동화되어 한 개개인의 관심을 사로잡는 것이고, 몰입은 게임에 빠지는 것처럼 관람객이 육체적으로나 실질적으로 체험에 침투하는 것이다.

두 가지 축을 중심으로 4개의 체험 영역이 생겨나는데, 각 영역은 다른 영역에 배타적이지 않고, 종종 서로 뒤섞여 대상에게 특별한 이벤트를 제공한다. 엔터테인먼트 체험은 가장 오래되고 가장 발달된, 친숙한 체험으로 재미를 전제로 하며, 비교적 소극적인 체험인 책읽기, 영화보기, 음악듣기 등 인간의 감각을 통해 흡수된다.

교육 체험은 엔터테인먼트 체험과는 달리 관람객의 적극적인 참여가 개입되어 있다. 참된 정보를 알려주고, 지식이나 능력을 향상시켜주는 교육적 이벤트에는 정신과 육체의 적극적인 참여가 필요하다. 교육 체험은 엔터테인먼트 체험과 결합하여 에듀테인먼트라는 신조어를 만들었다. 온라인 학습이나 온라인 게임, 어린이 과학관, 어린이 박물관에서 에듀테인먼트는 실현되고 있는데 대표적인 예로 1997년 캘리포니아 산호세에서 개관한 어린이 에듀테인먼트 센터 뱀불라(Bamboola)가 있다. 뱀불라의 주제(theme)는 '놀이, 발견, 재미의 섬(The Island of play, discovery&fun)'

---

17 '단순 동화'라고 표기되기도 함.

이다. 유아부터 9세까지를 대상으로 하는 이곳은 실제로 준비한 음식을 요리하여 먹을 수 있고, 바위를 타고 올라갈 수도 있으며, 공룡 뼈를 캐낼 수 있는 곳도 있다[18]. 뱀불라는 이렇게 아이들의 육체적인 체험을 통해서 생활・물리・자연을 자연스럽게 학습할 수 있게 하였다.

현실도피 체험은 앞의 두 체험보다 몰입이 훨씬 강한 것으로 관람객들은 완벽하게 몰입된 상태에서 적극적으로 이벤트에 참여한다. 테마파크・카지노・게임 등이 그것이다. 이때의 관람객은 3인칭 시점에서가 아니라 1인칭 시점에서 각자가 주인공이 된다. 라스베가스・디즈니랜드・유니버설 스튜디오 등이 대표적인 예이다. 도박을 통한 즐기기와 함께 일확천금을 얻게 된다는 기대감으로 인한 현실도피, 애니메이션에 있는 주인공을 만나고, 애니메이션에 나오는 마법 양탄자를 타보면서 실제와는 다른 세계를 맛볼 수 있으며, 실제 터미테이터를 만나 볼 수도 있는 것이다. 이것은 일상적인 가정・학교・직장・늘 만나던 사람들 말고 또 다른 제3의 장소가 되어 지루하고 고달픈 생활의 탈출구가 된다.

미적 체험은 제공된 주변 환경이나 이벤트에 자연스럽게 몰입하지만, 그들 스스로는 그러한 것에 영향을 미치지 않는 것이다. 멋진 경관을 보거나, 미술관이나 전통적인 개념의 박물관을 보는 것 등이 그 예이다. 즉, 미적 체험은 단지 그곳에 있는 것을 즐기는 것뿐이다[19]. 인공적으로 꾸며졌고, 자연적으로 생겨났건 여부와는 상관없다. 테마파크의 환경연출, 이터테인먼트를 나타내는 레스토랑, 그랜드 캐넌 등은 만들어진 환경 또는 자연발생적인 환경에서 멋지다거나 황홀하다, 아름답다 등의 감정을 체험하는 것이다.

4가지 체험의 지향성과 특징을 정리해 보면 다음과 같다.

---

18 뱀불라 http://www.whitehutchinson.com/leisure/bamboola.shtml

19 조셉 파인 2세, 제임스 길모어, 앞의 책, 53~69쪽, 참조.

〈표 6〉 Pine&Gilmore의 4가지 체험 영역의 지향성과 특징

체험	지향성	특징
엔터테인먼트 체험	즐겁게 느끼고 싶어함	오락성
교육 체험	즐겁게 배우고 싶어함	교육성
현실도피 체험	즐겁게 행동하고 싶어함	비일상성
미적 체험	즐겁게 감상하고 싶어함	심미성

가장 풍부한 체험은 목표로 하는 1가지 체험을 중심으로 나머지 체험 요소를 적절하게 포괄하는 것이다. [그림 1]에는 Sweet Spot이라는 영역이 있다. 이것은 가장 적절한 위치로 4가지를 아울러 풍부하고, 재미있고, 감동적이며, 매력적인 체험을 유발한다. 4가지 요소를 어떻게 조합하느냐에 따라 단조로운 공간은 독특하고 특징적인 장소로 탈바꿈한다.[20] 어린이 직업체험 테마파크인 '키자니아(Kidzania)'는 파일럿, 경찰관, 패션모델, 아나운서, 소방관, 의사 등 90개 이상의 직업을 실제 크기의 3분의 2 규모의 도시에서 실제와 같은 유니폼을 입고 체험할 수 있다. 실제 직업을 체험하면서 어린이들 은 공식 화폐인 '키조'를 월급으로 받게 된다. '키조'를 가지고 은행에서 거래를 하거나 슈퍼마켓에서 물건을 사면서 재미있게 경제를 이해할 수 있다. 그리고 키자니아에는 '더 나은 세상을 위하여'라는 이념을 가지고 어린이의 나라를 지키는 우르바노(Urbano), 비타(Vita), 바체(Bache)[21]의 세 캐릭터가 있다. 키자니아의 공간은 공항 티켓카운터로 꾸며져 있는 출입구, 중앙 광장이 있는 구시가지 건물로 꾸며져 있는 중심부, 병원, 극장 등 신시가지 건물로 꾸며져 있는 주변부로 구성되어 있다. 키자니아에서의 주 체험은 교육 체험이지만 나머지 3가지의 체험이 잘 어우러져 있다. 세 가지 캐릭터를 보고 자연스럽게

---

20 조셉 파인 2세, 제임스 길모어, 앞의 책, 72쪽, 참조.

21 http://www.kidzania.co.kr/about_05.html
우르바노: 호기심많은 우르바노는 '알 권리'를 상징하는 9세 소년으로 키자니아의 '권리 수호자'이며, '존재할 권리'를 상징한다, 비타: 적극적이고 활달한 성격의 비타는 키자니아의 '배려할 권리'를 상징하는 7세 소녀이며 오빠인 우르바노와 바체를 돌보는 역할을 한다, 바체: 개구쟁이 강아지인 바체는 '놀 권리'를 상징한다,

어우러지면서 엔터테인먼트 체험을 통한 즐거움을 느낄 수 있고, 수십 개의 다양한 체험시설을 통해 직업, 사회, 경제를 즐겁게 배우는 교육 체험이 가능하며, 각종 직업의 실제 유니폼을 입어보면서 겪어보지 못한 어른들의 세계를 경험함과 동시에 직업의 주인공이 되는 비일상적 체험을 할 수 있다. 그리고 3분의 2크기로 축소되고 인공적으로 구성된 공간에 있는 것만으로 미적 체험을 경험하는 것이다. 키자니아는 4가지 요소의 적절한 조합으로 멕시코에서 처음으로 개관한 이후, 칠레, 일본의 도쿄와 오사카, 인도네시아의 자카르타, 포르투갈의 리스본, 아랍에미리트의 두바이까지 글로벌 체인화[22]하였고, 연간 80만 명이 넘는 입장객수를 보이고 있다[23].

조셉 파인 2세와 제임스 길모어의 고객 체험의 4요소가 어우러진 포괄적 체험지역인 '가장 적절한 위치(Sweet Spot)'는 매슬로우(Maslow, 1994)의 '최고조 체험(Peak Experience)'을 경험하게 한다.

매슬로우에 의하면 '최고조 체험(Peak Experience)'은 심미적 지각, 창의적 활동, 지적인 직관력, 유기체적 체험, 육체적 활동에 의해 성취될 수 있다고 하였으며, '최고조 체험'은 체험에 참여했던 사람들로 하여금 다시 체험에 참여하고 싶은 욕구를 불러일으키는데 그 중요성이 있다고 하였다. 이 부분은 테마파크나 박물관, 과학관 등의 문화관광장소의 재방문률에 영향을 미친다. 매슬로우는 19가지 최고조 체험의 특성과 의미를 제시하였는데 그중 Pine과 Gilmore의 가장 적절한 위치를 통해 달성할 수 있는 것들은 다음과 같다.[24]

---

22 국내는 서울 잠실 롯데월드 수영장에 2009년 겨울 개장.

23 키자니아 http://www.kidzania.co.kr

24 한숙영, 「문화관광 체험영역에 관한 연구: 유산관광자를 대상으로」, 경기대학교, 박사학위논문, 2006, 24쪽.

〈표 7〉 매슬로우의 최고조 체험(Peak Experience)의 특성

	특성	의미
1	총체적인 집중	활동에 완전히 몰입됨
2	대상을 있는 그대로 받아들임	대상이 중요하지 않음
3	풍부한 인식	경험 속에서 자아 상실
4	세계와의 합일	세계에 관한 감정의 통합
5	자아 상실	자아와 활동의 합일
6	시간과 공간에 관한 무감각	일시적인 공간감 상실
7	노력 상실	무의식적인 행위
8	인식되지 않은 감정	새로운 견지
9	개인의 독특성	자아의 특별함을 인식

정리해 보면, 존 듀이는 철학적 입장에서, 조셉 파인 2세와 제임스 길모어는 마케팅적 입장에서, 매슬로우는 심리적 입장에서의 경험이론을 제시하였다. 경험에 관한 영역은 다르지만 테마파크, 박물관, 과학관과 같은 문화공간 콘텐츠에 적용하기에 적합하다. 여기에서는 조셉 파인 2세와 제임스 길모어의 고객 체험의 4요소를 중심으로 테마파크형 어린이 과학관 기획설계의 이론적 토대를 마련하고자 한다.

과학관, 교육형 테마파크를 꿈꾸다

1. 어린이 과학교육

1) 어린이 과학 교육의 목적

과학은 어떤 사실을 암기하는 것이 아니라 과학이라는 세계를 이해하기 위하여 발견하고, 사고하는 과정이다. 과학은 라틴어 scientia에서 유래된 것으로 '아는 것'이라는 뜻이다. 즉, 과학은 우리가 살고 있는 자연의 특성을 알아가는 것 또는 이해하는 것이며, 그 과정에서 발생하는 다양한 궁금한 점과 의문점을 발견하고, 그것을 해결하기 위하여 끊임없이 탐구하고 시도하는 것이다. 여기에는 자연, 우주, 물리, 생물 등에 대한 개념, 원리, 법칙, 이론 등이 있으며, 이것들을 바탕으로 어떤 결론에 도달하게 된다. 따라서 과학의 목적을 달성하기 위해서는 탐구의 과정과 과정 속에서 밝혀지는 내용들이 모두 포함되어야 한다.

그렇다면, 어린이에게 있어서 과학의 의미는 무엇이고, 어린이 과학 교육의 목표가 무엇인지 아는 것이 중요하다. 교육과학기술부(2000)에 따르면 과학 교육의 목표는 어린이들에게 있어 과학은 주위의 여러 가지 사물이나 현상을 관찰하고, 궁금해 하며, 변화과정을 살펴보는 등의 능동적인 탐색활동을 함으로써 과학적인 탐구능력과 태도를 기르기 위한 것이다. 미국의 국립 과학 교육 센터(NCISE:National Center for Improving Science Education, 1990)에서는 3세에서 8세의 어린이를 위한 과학교육의 목적을 다음과 같이 설정하였다. 첫째, 개개인의 타고난 호기심을 발달시키고 둘째, 어린이가 세 계를 탐구하고 문제를 해결하며 의사결정을 하기 위한 과학적 방법과 사고 기술을 확장하며, 셋째, 자연세계에 대한 어린이 개인의 지식을 증가시키는 것이다.

어린이 과학 교육의 목적은 과학을 결과로 보는 관점, 과학을 과정으로 보는 관점, 과학을 과정 및 결과로 보는 관점에 따라 다르다. 과학을 결과로 보는 관점은 과학원리, 개념, 그리고 지식을 전달하는 것에 초점을 둔다. 예를 들면, 꽃의 이름을 안다거나 양서류의 성정과정을 말할 수 있는 것과 같이 성취결과에 대한 것을 강조한다. 그러나 결과론적 관점은 단시간에 많은 과학적 지식을 습득할 수는 있으나 지식의 활용이나 새로운 상황에의 적용에는 한계가 있다. 과학을 과정으로 보는 관점은 과학적 지식을 형성하는 절차, 사고하는 방법에 초점을 둔다. 이 관점은 어린이의 호기심을 자극하고 흥미를 유발시키는데 적합하다. 과학을 과정 및 결과로 보는 관점은 앞의 두 관점의 절충적인 관점으로 과학이 발견의 과정이자 과학적 지식의 형성이라고 해석한다. 최근의 관점은 과학을 과정 및 결과로 보는 관점이다.[1]

2) 놀이를 통한 어린이 과학 교육

국가에서는 과학적 소양을 갖춘 인간을 교육하기 위하여 일상적 생활 속의 과학적 경험을 체계화하여 어린이 스스로 능동적으로 참여하고 탐구하는 즐거움을 발견할 수 있는 생활 중심의 과학 교육과정을 제공하는

1 이기숙, 「과학적 개념이 적용된 실외 어린이 놀이터 모델 개발 연구 보고서」, 2005, Science Korea Project, 7~8쪽.

것이 중요하다(교육과학기술부, 1998)고 하였다. 과학적 소양은 어린이 때부터 일상생활 속에서 자연스러운 탐색 및 탐구 경험을 통하여 익힌 과학의 과정 기술과 과학적 태도를 기반으로 과학적 지식을 구성하는 과정에서 형성되기 때문이다.

2003년 교육과학기술부에서는 어린이 과학 교육의 교육적 가치와 중요성을 다음과 같이 제시하였다.

첫째, 어린이의 놀이는 즐거움을 추구하면서 능동적인 참여를 유발하는 학습의 최적 조건을 제공함으로써 어린이 스스로 주변 사물과 현상에 대한 학적 지식을 자연스럽게 구성하도록 촉진한다. 이것은 어린이들이 놀이하는 과정에서 자연스럽게 사물의 속성이나 원리를 경험하면서 과학적 지식이 형성된다고 보는 것이다.

둘째, 어린이의 놀이는 내적 동기가 유발되는 과정 지향의 행동이므로, 과학적 문제 해결 능력을 증진시킬 수 있는 기회를 제공한다. 관찰하고, 분류해 보고, 실험해 하는 등의 과정을 통해 결과를 예측할 수 있다.

셋째, 어린이의 놀이는 자율적인 선택에 의하여 긍정적 정서를 유발하는 자발성과 주도성에 기초한 행동으로, 과학적 태도를 형성하도록 지원할 수 있다. 과학적 태도는 과학을 좋아하고 가치있게 여기는 태도 요인으로 과학적으로 문제를 해결하고 과학적 지식을 구성하는데 도움을 준다.

이러한 어린이 과학 교육의 특성을 반영한 어린이 과학관은 어린이 박물관의 한 종류이자 실내 및 실외를 아우르는 놀이공간으로 어린이과학박물관 또는 어린이과학탐구관으로 표기되기도 한다. 따라서 다음에서는 어린이 과학관의 역사부터 개념까지를 정립하기 위하여 우선 과학관에 대해 전반적으로 살펴본다.

2. 어린이 과학관과 테마파크

1) 과학관의 역사

과학관은 박물관을 모태로 하여 등장하였는데 견해 차이가 있기는 하지만 박물관은 기원전 3세기경 이집트 알렉산드리아에 있었던 뮤제이옹[2](Museion)에서 비롯되었다. 뮤제이옹은 원래 학문과 예술을 담당하는 아홉 명의 여신들인 뮤즈(Muse)들의 전당을 지칭한 것으로 일종의 성소였다. 뮤제이옹은 도서관과 함께 동물원 · 식물원 · 천문대 · 해부실 등을 갖춘 국립연구소로 인문학뿐만 아니라 과학에 대한 연구로 유명한 학술기관이었다.

과학기술박물관은 16세기 궁정의 보물고이며, 그 후 과학에 바탕을 둔 기술의 진보를 추진하고자 에콜 폴리테크닉 및 국립공예학교 박물관을 세운 것이 시초다. 이것이 세계 최초의 과학기술박물관이었다[3].

17세기 과학이 급속도로 발전하면서 과학기기 컬렉션이 등장하게 되었는데 그중 특히 영국의 애슈몰(E.Ashmole)은 트레이즈캔트(J.Tradescant)의 수집품을 기반으로 해서 1677년에 세계 최초의 공공박물관 "애슈몰린 미술 · 고고학 박물관"을 옥스퍼드 대학에 설립하였다. 이 박물관은 1924년 과학의 역사를 보존하기 위한 자연사박물관으로 변경되었다.

이후 18세기에는 계몽철학의 영향으로 박물관은 대중교육의 장으로서의 역할이 강조되었다. 주로 동물과 식물 중심의 자연사물을 전시하였으며 자연에 대한 연구기관으로서의 역할도 병행하였다. 이처럼 과학박물관이 대중을 대상으로 하는 교육기관뿐 아니라 연구기관의 역할을 하는 전통은 오늘날 영미권 과학박물관에서 흔히 볼 수 있다.

일반 대중을 위한 최초의 과학박물관은 1857년 개관한 영국의 사우스켄싱턴 박물관(South Kensington Museum)으로 간주된다. 이 박물관은 1851년 세계 박람회 이후 설립된 것으로 당시에 출품된 물품들을 옮겨

---

2 문헌에 따라 무세이온, 무제이온 등으로 표기되기도 함.

3 이혜정, 「제7차 지구과학 교육과정과 과학관 전시 내용의 비교 분석」, 충북대학교, 석사학위논문, 2006, 8쪽.

와서 일반인들이 자유롭게 볼 수 있도록 전시하기 위해서 건립되었다. 대 박람회 위원회가 토지를 제공하고 영국 정부가 15,000파운드를 출자하여 세워진 사우스 켄싱턴 박물관은 "모든 계층의 사람들이 인류 역사의 가장 우수한 과학 및 기예에 내재한 공통의 원리를 탐구하게 하는 박물관"임을 표방하였으며 산업 발전에 기여하는 과학 및 기예 교육의 실제적 장임을 선포하였다.[4] 전시물들은 과학 기술·공예·미술 관련 전시물들이 함께 전시되었다. 1909년 과학기술부분만 따로 떼어내 런던과학박물관을 지었으므로 사우스 켄싱턴 박물관은 런던과학박물관의 전신이다.

19세기에는 국력을 과학기술로 과시하려는 세계 박람회가 성행하였다. 세계 박람회가 끝난 후에는 박람회의 전시물을 기본으로 해서 새로운 박물관이 설립되곤 했다. 그 한 예인 1933년에 문을 연 시카고과학산업박물관(Museum of Science and Industry)은 1893년 시카고에서 열렸던 세계박람회의 전시물을 기본으로 건립된 것이다. 19세기 말에 유럽과 미국을 중심으로 이러한 성격의 과학박물관이 많이 건립되었다. 유럽의 과학박물관은 자국의 과학전통을 드러내고 자긍심을 표현하는데 치중하였고, 미국의 경우에는 현재 이루어지고 있는 과학기술의 발전상을 전시하는 데에 중점을 두었다.

20세기 초반 과학박물관은 이전과는 다른 모습을 띄게 된다. 기존의 과학박물관이 전시물을 수집해서 보여주고 보관하는 기능에 주력한 반면에 새로운 형태의 과학박물관은 전시 기능뿐 아니라 과학이론과 원리들을 관람객이 이해하고 체험할 수 있도록 다양한 방식을 도입했다. 그 전환점을 마련한 것이 1925년에 개관한 도이체스 박물관(Deutsches Museum)이다. 독일 뮌헨에 위치한 이곳은 전시물의 단순 전시를 넘어서서 소규모의 실험을 통해 관객이 스스로 과학적 원리를 배우고 즐길 수 있도록 했다. 도이체스 박물관의 경험은 이후 새로운 형태의 박물관, 즉 과학센터의 설립을 가져왔다. 1969년에 설립된 샌프란시스코 엑스플로러토리

4 Greenaway, *A Short History of the Science Museum*, 1951, 3쪽.

움(Exploratorium)과 캐나다의 온타 리오 과학센터(Ontario Science Center)가 그 대표적인 예이다. 오펜하이머(Oppenheimer) 박사에 의해 오늘날 체험식 과학관의 시효인 엑스플로러토리움이 설립되었다. 엑스플로러토리움은 '탐구와 발견을 향해 가다'라는 뜻으로 전시 공간 전체에 관람자의 능동적인 행동과 지적 호기심의 개발을 돕는 개념의 전시형태를 취하고 있다. 엑스플로러토리움 전시의 초점은 인간의 지각을 돕는 데에 있다. 인간이 어떻게 보고, 듣고, 냄새맡고, 만지고, 또 우리 주변을 경험하는가를 밝히는 데 주력하고 있으며, 나아가 인간의 잠재적 안식 능력을 전시영역에 포함하고자 한다. 다시 말해 엑스플로러토리움의 체험식 전시는 '마음'이라는 막연한 개념이 사실은 특별한 활동을 통하여 그 역할을 하고 있다는 점을 깨닫게 해 준다고 할 수 있다. 엑스플로러토리움은 과학자의 전유물이었던 실험을 통한 발견의 과정을 대중이 직접 경험할 수 있도록 한데 의의가 있다. 온타리오 과학센터는 체험하는 과학의 집을 표방하면서 과학과 예술 · 의복 · 음식 · 스포츠 분야를 조화롭게 연결하려는 다각도의 노력을 기울였다. 이러한 시도들은 큰 성공을 거두었고, 전 세계 과학센터의 모범 사례가 되었다[5].

1986년 개관한 프랑스의 라빌레트(La Villete)산업과학관은 산업기술에 음악 · 미술 · 공연 등 문화예술을 융합한 21세기형 산업기술체험관으로 연간 1000만 명 이상의 관람객이 방문한다. 20세기의 과학관들은 어린이 과학관에도 어린이의 발달 특징에 따라 즐겁고, 쉽게 체험을 통하여 과학의 원리를 이해하고, 다양한 능력을 키울 수 있도록 하였다.

두리와 허치슨(Durrie&Hutchison)은 1996년 핀란드에서 개최된 제1차 세계과학센터대회에서 과학관을 1세대, 2세대, 3세대의 3가지 방식으로 나누어서 제시하였다. 19세기의 과학관의 형태인 제1세대 과학관은 전시물과 관람객 사이에 활발한 상호작용은 없었고, 관람객들이 전시물을 눈으로 보는(Eyes-on) 것만으로 충분히 이해가 가능하다고 믿었으며,

5 고대승, 「과학관의 역사와 향후 발전방향」, 한국과학문화재단, 2008, 1~3쪽.

이렇게 눈으로 보는 활동 위주의 과학관이 20세기 초까지 주를 이루게 되었다.[6] 수집과 전시 가 주목적이었던 1세대 과학관은 역사적인 유물에 초점을 맞추며, 수집한 문화유물에 전문적인 설명을 붙여서 영구적으로 전시하고, 전시물에 대한 간학문적인 언급이 없다고 하였으며, 최신의 발전 산물은 무시하는 경향이 있다고 지적했다.

20세기 과학관의 형태인 제2세대 과학관은 1세대의 수동적인 관람에서 벗어나 게임적 접근을 통한 관람객의 참여 유도, 상호작용을 통한 과학원리의 설명에 초점을 맞추었다. 즉, 관람객과 전시물의 상호작용이라는 아이디어는 보는(Eyes-on) 과학관을 체험하는(Hands-on)과학관으로 변화시켰다.[7]

그러나 상호작용을 중시하는 과학센터가 진정으로 체험을 통한 교육인 '에듀테인먼트(Edutainment)'를 실현하고 있는지에 대해서는 의문이 제기되었는데, 그것은 실제로는 교육적 측면보다 오락적 측면이 강조됨에 따른 비판이었다. 이러한 의문은 제3세대 과학관으로 이어졌다. 후퍼그린힐(Hooper-Greenhil)에 의하면 제3세대 과학관은 독립적으로 전시물에 고유한 순서가 있다는 가정이나 관람객들이 어떤 사물이나 아이디어를 학습하는 가장 좋은 방법이 존재한다는 가정을 거부하고, 관람객들은 수동적이거나 동질적인 집단이 아니라 관람객 한명 한명마다 독특한 개인적 욕구를 가지고 있으며, 선호하는 학습 양식도 저마다 다르다는 것을 주장하였다[8]. 존 포크와 린 디어킹(John H. Falk&Lynn D. Dierking)은 '상호작용적 경험 모델(the interactive experience model)'을 제시하였는데 이는 관람객과 박물관 유형이 다양하다는 전제 조건 하에서 박물관의 관람 동기, 관람 시의 행동, 관람 후의 기억들을 이해하는데 있어서

---

6 Song,J.&Cho,S, *Yet Another Paradigm Shift?:From Minds-on to Hearts-on*, Journal of the Korean Association for Research in Science Education, 24(1), 129~131쪽.

7 Janousek,I, *The 'context museum':integrating science and culture*, Museum International, 52(4), 2000, 21~22쪽, 참조.

8 Hooper-Greenhil, *Educational Role of the Museum* (2nd Ed.),,Lodon:Routledge, 1999, 73~79쪽, 참조.

개인적 맥락, 사회적 맥락, 물리적 맥락과의 상호작용이 중요하다는 것이다.[9] 개인적 맥락은 관람객의 관심, 동기, 고려사항을, 사회적 맥락은 동반 관람객과의 상호작용 및 관계성을, 물리적 맥락은 관람 동선, 전시물, 레이블을 통해 관람객이 과학관을 어떻게 이해하고 경험하는지를 보는 것이다. 따라서 제3세대 과학관은 관람에 있어서 보다 유연한 방식을 취하는데, 어떤 관람객은 PDA를 받아서 해당 전시물 앞에서 개별적인 해설을 듣기도 하고, 어떤 관람객은 다른 관람객과 함께 도슨트의 가이드를 받으면서 집단으로 움직이면서 해설을 듣기도 한다. 즉, 관람객의 이해 차이를 고려한 인적 · 물적 도구를 통한 이해하는(Minds-on)과학관이 등장하였다.

야누섹(Janousek)은 제4세대 과학관을 제안하였는데 과학센터는 유물을 전시하는 것보다 유물이 없는 곳[10]도 가능한 것처럼 아이디어나 컨셉을 전시하는 곳이므로 컴퓨터, 가상현실 등을 통해 인문학의 역사를 탐험하거나 기술적인 유산을 통해 문화와 문명을 설명할 수 있으므로 인문 · 사회 · 문화 · 예술 등 이질적인 분야를 통합할 수 있는 문화중심의 과학관을 제안하였다[11]. 문화중심의 과학관은 기존 과학관의 교육적 기능에 문화적 기능을 부여하여 과학관이 복합문화공간의 역할을 수행하게 한다. 송진웅과 조숙경은 과학을 느낄 수 있는(Hearts-on) 과학관을 제안하였는데 즐기는 과학, 아름다움을 느낄 수 있는 과학, 실용적 과학, 과학을 통한 여유로움 등을 실천해야 한다고 주장하였다[12]. 최근에는 이러한 역할을 수행하기위한 수단이자 박물관 피로를 줄일 수 있도록 하기 위해 테마파크의 특징과 엔터테인먼트적 구성요소를 도입하는 경우가 많아지고 있다.

위의 내용을 정리하면 <표 8>, <표 9>와 같다.

---

9 John H,Falk&Lynn D.Dierking, 『관람객과 박물관(The Museum Experience)』, 북코리아, 2008, 27쪽, 참조.

10 안동 전통문화콘텐츠박물관 http://www.tcc-museum.go.kr/
 쿄토 시구레덴 http://www.shigureden.com

11 Janousek,I, 앞의 책, 23~24쪽, 참조.

12 Song,J.&Cho,S. 앞의 책, 140~142쪽, 참조.

〈표 8〉 세대별 과학관의 특징과 대표적 과학관

세대별	특징	대표적 과학관
1세대 과학관	눈으로 보는(Eyes-on) 과학관	런던과학박물관
2세대 과학관	체험하는(Hands-on) 과학관	도이체스 박물관 샌프란시스코 익스플로러토리움 캐나다 온타리오 과학센터 라빌레트 산업과학관
3세대 과학관	맥락형(Context-type) 과학관 이해하는(Minds-on) 과학관	캐나다 온타리오 과학센터 라빌레트 산업과학관
4세대 과학관	유물없는(non relic) 과학관 복합문화공간으로서의 과학관 느끼는 과학관(Hearts-on)	국립과천과학관 시구레덴

〈표 9〉 전시연출의 발전과정

Eyes-on	Hands-on	Minds-on	Hearts-on
· 16~19세기	· 1960년대	· 1980년대	· 1980년대 이후
· 실험도구와 실험결과를 모아서 보관하기 위해 출현 · 과학기술의 과거와 현재를 보여줌 · 주로 시각에 의존하며 역사적 순서에 따라 관람하는 일방적 전달방법	· 만지고 조작하는 체험을 통해 적극적으로 과학을 이해 · 습득하도록 유도	· 작동전시에서 얻을 수 있는 과학이해 정도의 한계를 인식 · 해답을 얻는 과정을 능동적으로 체험하도록 과학적 원리 설명, 보조기능 첨가 · 지적 이해를 통한 상호작용 강조	· 역사적, 사회적 맥락에서 과학의 순기능과 역기능 이해할 필요성 대두 · 과학과 사회 · 문화 · 역사적 함의를 느낄 수 있도록 문화적 접근 시도 · 감동을 통한 상호작용

이상에서 각 세대별 과학관과 전시연출의 발전과정을 살펴보았는데, 세대를 나눈 기준은 위의 표에서 제시한 것처럼 과학관의 개관시기와 관련이 있지만 1세대 과학관의 형태가 완전히 사라지고 2세대 과학관의 형태가 나타나는 것은 아니다. 여전히 1세대형 과학관인 눈으로 보기만 하는 과학관도 4세대 과학관과 함께 공존하고 있다. 그러나 1, 2, 3세대 과학관은 리모델링을 거치면서 점차 4세대 과학관을 지향하고 있다. 체험과 참여가 과학관의 교육적 기능을 저해한다는 비판이 있지만 체험은

관람객의 과학관 기억형성에 가장 좋은 수단이므로 여전히 체험 전시는 널리 적용되고 있고, 3세대 과학관에서 제시하는 상호작용적 맥락형 과학관은 과학관을 방문하는 관람객을 이해하는데 좋은 모델을 제시하고 있다. 앞으로 제4세대형 과학관은 여가 시간의 증대와 디지털 기술의 발전이라는 사회변화와 함께 점차 증가할 것이다.

2) 어린이 과학관의 개념

(1) 어린이 박물관과 어린이 과학관의 정의

① 어린이 박물관의 정의

미국박물관협회(American Assocaition of Museum)[13]와 어린이박물관협회(ACM: Association of Children's Museums)는 '어린이 박물관은 호기심을 자극하고 학습 동기를 유발하는 전시와 프로그램을 제공하여 어린이들의 욕구와 흥미에 부합하는 기관이다. 어린이 박물관은 스타일, 크기, 그리고 콘텐츠에 있어서 대단히 다양하다. 왜냐하면 어린이 박물관의 창의성과 다른 박물관이나 교육기관과는 다른 차이성 때문에 이 분야는 흥미진진한 변화의 연속성상에 있다.'[14]라고 정의하였다.

국제박물관협회(ICOM: International Council of Museum)에서는 '어린이 박물관은 어린이를 대상으로 서비스를 제공하는 박물관[15]'이라고 칭하고 있으며, 박물관의 가장 큰 특징인 소장품을 갖고 있지 않음에도 불구하고 어린이 박물관은 새로운 개념의 박물관으로 받아들였다.

브루클린 어린이 박물관의 관장(현재는 캐롤 엔세키(Carol Enseki) 관장)이었던 로이드 헤제키아(Lloyd Hezekiah)는 '어린이 박물관은 쇼맨십과 교육을 결합시킨 학습의 무대다'라고 정의하였다. 즉, 헤제키아는 다

13 http://www.aam-us.org

14 http://www.childrensmuseums.org/programs/start.htm#CM

15 http://icom.museum

양한 학습 스타일을 통해 어린이의 호기심을 유발하는 곳이 바로 어린이 박물관이라고 정의[16]하였다.

삼성어린이박물관에서는 “어린이 박물관은 유리 진열장 뒤에 전시품들이 진열되어 있는 전통적인 박물관의 개념과는 달리 전시품들을 직접 손으로 마지고 조작해 볼 수 있으며 어린이들이 흥미와 호기심을 갖고 보다 능동적으로 즐기며 배울 수 있으므로 체험식 박물관이라고 한다.”고 정의[17]하였다.

차상모(1998)는 “어린이 박물관은 환경과 박물관 프로그램이 어린이 중심이 되어 디자인되고 운영되는 장소로서 어린이들이 놀이를 통하여 체험하고, 조작하고, 보고 들음으로써 어린이들이 속해 있는 사회구조의 규범들을 보다 쉽게 이해할 수 있도록 하는 주제를 갖춘 또다른 어린이 교육시설 중의 하나다.”라고 정의[18]하였다.

최현익, 차상기, 서지은, 이정호(2008)에 따르면 ‘어린이 박물관은 체험식(Hands-on)박물관으로 정립되어 있으며, 참여자 중심의 박물관으로 관람 · 감상이 중심이 되는 기존 박물관의 학술적이고 정적인 활동에서 벗어나, 전시물과 함께 움직이고 활동하면서 자유롭게 뛰어노는 어린이들의 공간’[19]으로 정의하고 있다.

체험식 전시에 있어서 이경희(2006)는 ‘단순한 신체적 조작행위를 의미하는 것이 아니라 사고발달을 촉진시킬 수 있는 정신적 작용을 포함해야함을 강조하였다. 버튼을 눌러 단순히 결과를 바라본다거나 패널을 들어 올려 답을 얻는 행위는 진정한 체험식 전시라고 할 수 없고, 어린이들이 자신의 행위 결과를 인식하여 행동의 변화를 가져올 수 있어야 하고, 체험식 전시물을 사용함으로서 머릿속에서 다양한 생각을 끌어낼 수 있을 때 진정한 체험식 전시라고 할 수 있다.’[20]고 하였다. 이경희의 주장에

16 Mary Maher, 앞의 책, 91쪽.
17 http://kids.samsungfoundation.org/introduction/intro/museum.asp
18 차상모, 「어린이 박물관 건축 계획에 관한 연구」, 홍익대학교, 석사학위논문, 1998, 12쪽.
19 최현익, 차상기, 서지은 이정호, 「전시주제별 체험식 전시매체 표현특성에 관한 연구: 어린이 박물관을 중심으로」, 대한건축학회논문집 제24권 제1호(통권 231호), 2008, 89쪽.

서 알 수 있는 것은 결국 체험식 전시란 앞에서 밝힌 눈으로 보는(Eyes-on) 전시, 체험(Hands-on)전시, 이해하는(Minds-on)전시, 마음을 움직이는 (Hearts-on)전시를 포괄하는 개념으로 눈으로 보고, 손이나 다른 신체로 접촉해 봄으로써 지적으로 이해하고, 감동하는 전 과정을 의미한다.

이상의 정의들을 종합해 볼 때, 어린이 박물관은 어린이와 그 가족을 대상으로 하는 고객 중심적 박물관을 목표로 하며, 일정한 주제를 가지며, 다감각 체험을 통하여 호기심을 자극하는 테마파크의 장이자 창조적인 놀이와 활동을 통한 흥미로운 학습과 교훈을 제공하는 교육의 장이라고 하겠다.

② 어린이 과학관의 정의

과학관의 역사에서 살펴본 것처럼 시대에 따라 과학관은 원래의 기능에서 나아가 대중의 문화향유의 장으로서의 기능을 펼치고 있다. 이러한 과학관의 변화는 대중의 욕구의 증가와 다양성, 기술 발달에 따른 새로운 매체의 탄생, 테마파크와 같은 다른 레저산업방식의 도입, 엔터테인먼트의 추구 등 심리적, 사회적, 기술적, 산업적 요인들이 복합적으로 작용하기 때문이다. 과학관의 의미도 시대와 기관에 따라 조금씩 다른 정의를 내리고 있는데 그 추이를 살펴보면 과학관의 방향을 알 수 있다.

과학관에 대한 정의를 살펴보면 과학관 육성법 제2조 제1항에서는 "과학관이라 함은 과학기술자료를 수집 · 조사 · 연구하며 이를 보존 · 전시하며, 각종 과학 기술 교육프로그램을 개설하여 과학기술지식을 보급하는 시설로서 제6조 제1항의 규정에 의한 과학기술자료 · 전문직원 등 등록요건을 갖춘 시설을 말한다."고 규정하고 있다.

국제박물관협회(International Council of Museum: ICOM)에서는 과학관을 과학적 가치가 있는 자료, 표본 등을 각종 방법으로 조사 · 발굴 · 수집 · 보존 · 연구하여 공개 전시함으로써 일반 대중의 창조적 휴식과

---

20 이경희, 「어린이를 위한 체험적 박물관과 학습」, 삼성어린이박물관, 2006, 45쪽.

교육에 활용하여 그것이 과학 기술의 발전 및 공공의 이익을 위해 기여하는 항구적 건물로 설명하고 있다.

국제과학기술센터(Association of Science and Technology Center: ASTC)의 과학관 정의는 "과학관은 모든 사람을 위한 것으로 과학센터, 과학탐구관, 과학박물관, 과학기술관뿐만 아니라 광의의 과학이나 기술 관련의 일부분야 또는 과학자, 공학자, 기술자 관련 기념관이나 박물관 등을 비롯하여 어린이 과학관, 천문관, 우주관, 플라네타리움, 그리고 자연사 박물관, 자연관, 식물원, 동물원, 수족관 등을 포함한다."고 하였다.

국립중앙과학관 김영식 관장은 "과학관은 과학기술의 과거와 현재, 그리고 미래를 체험해 볼 수 있는 과학의 마당이다."라고 정의하고, 과학관의 기본방향을 첫째, 새로운 과학이야기가 숨 쉬는 과학관, 둘째, 미래의 꿈과 생각을 키워가는 과학관, 셋째, 과학문화를 테마로 함께 만나는 과학관, 넷째, 유익하고 재미있고 고마워하는 과학관 등의 4가지를 제시[21] 하였다.

최고운(1996)은 과학관이란 미래의 과학기술사회의 건설을 위해 이용자들에게 과학지식과 과학·사회의 관계 및 과학기술의 발전상을 공급하여 생활의 과학화, 과학의 윤리적 책임인식, 과학문화의 정착을 유도하는 교육의 장, 문화의 장, 휴식의 장이라고 정의하였다[22].

루찌에로(Ruggiero, 2000)는 현대의 과학관은 더 이상 과학과 기술에 관련된 귀중한 물건을 넣어 전시하는 곳만이 아니라 방문객들과 현대 과학을 의사소통하고 교육하는 등의 다양한 기능을 하는 곳이라고 하였다[23].

ICOM, ASTC, 김영식 관장, 최고운, Ruggiero의 과학관 개념에서 공통적인 것은 과학관의 개념이 변화·확대되어가고 있다는 것인데, 과학관이 수집 및 전시가 목적이었던 과학박물관에서 체험을 통한 교육, 참여

21 이준기, 「4·4·2 전략으로 공격적 과학관 만들 터」, 인터넷과학신문 사이언스 타임즈, 2008.11.18.

22 최고운, 「과학관 이용자 만족도 평가에 관한 연구: 4개 과학관의 전시실을 중심으로」, 이화여자대학교, 석사학위논문, 1996, 10쪽.

23 Ruggiero, C, *Spreading the analytical word*, Chemistry&Industry, 2000, 182~184쪽.

를 통한 여가와 문화의 장으로 변화고 있다는 것이다. 부코와 헤인(Burcaw&Hein)의 책에서 자세히 살펴보면 과학관은 과학박물관(science museum)에서 시작하여 박물관과 마찬가지로 가치있는 과학관련 유물을 수집 · 보존 · 정리 · 연구 · 전시하는 역할과 기능이 강하였으나 오늘날에 이르러서는 관람자가 전시물을 직접 조작하는 체험을 통해서 과학의 원리를 쉽고 재미있게 이해하는 과학센터가 등장하여 기존의 박물관과는 다른 역할을 수행하게 되었다. 조지 엘리스 부코(George Ellis Burcaw, 2001)는 오늘날 대부분의 과학박물관은 박물관이 아닌 과학센터라고 했다.[24] 양자의 차이는 과학박물관이 후대를 위해 중요한 전시물을 수집하고 보존하는 곳이라면 과학센터는 수집과 보존이 의무적이지 않다는 것이다. 또 과학박물관은 과학 논리의 우수성을 강조하여 과학의 권위를 유지하려는데 충실했다면 과학센터는 과학을 어떻게 대중들에게 보여줄 것인가에 집중하여 과학의 대중화에 집중한다. 헤인(Hein, 2000)은 과학센터는 전통적인 박물관과는 다르게 전시물에 집중한다기보다는 전시물을 통해서 가르치는 곳이라고 하였다. 이 경우 전시물은 수집과 전시에 가치가 있다기보다는 교육과 놀이의 도구로서 기능을 한다. 그러므로 과학센터는 전시물센터가 아니라 교육 및 지식, 그리고 놀이의 센터가 된다. 과학센터에서의 교육과 지식은 체험을 통해 성취된다. 전시물 자체에 대한 기본정보도 있지만 관람객에게 호기심과 과학적 탐구심을 가르치는데 집중한다. 과학센터에서의 두드러진 단어는 "경험(Experience)", "발견(Discovery)", "참여(Participatory)", "체험형(Hands-on)", "상호작용(Interactive)" 등이다.[25]

1990년대 이후부터는 과학센터와 과학박물관의 한계를 보완하면서 장점을 살린 병합형 과학관의 설립이 시도되고 있다. 병합형 과학관은 과학센터이면서 과학박물관의 기능도 함께 수행하는 복합적 성격을 지닌 과

---

24 George Ellis Burcaw, 『큐레이터를 위한 박물관학』, 김영사, 2001, 59~60쪽, 참조.

25 Hilde S. Hien, *The Museum in transition: A Philosophical Perspective*, Smithsonian Institution, 2000, 23~30쪽, 참조.

학관으로 기본 방향을 설정하고 있다. 전 국민을 위한 교육의 장(Education), 과학기술의 역사와 진보에 대한 전시(Exhibition), 과학적 원리에 대한 체험 공간(Activity), 문화로서의 과학과 기술에 대한 이해(Understanding), 다가올 미래사회를 진단하고 예측해 볼 수 있는 기회제공(Diagnosis), 과학기술에 대한 흥미와 관심 유발(Entertainment), 즉 테마파크와 같이 재미있게 즐길 수 있는 장소로서 기능한다.[26] 과학센터와 병합형 과학관은 오늘날 어린이 과학관에서 그 특징이 두드러지게 드러난다.

일반적인 과학관의 정의와 달리 어린이 과학관에 관한 정의를 내리기 위해서는 무엇보다도 어린이가 전제되어야 하며 어린이들이 과학을 어떤 방법으로 이해하는 지에 대한 고찰이 필요하다. 어느 나라든지 과학교육의 궁극적인 목표는 과학적 소양을 갖춘 시민의 육성에 중점을 두고 있다. 최근에 가장 중요시 되고 있는 과학적 소양의 개념은 오직 과학용어 및 지식의 습득을 중요시해왔던 이전과는 달리 문제를 파악하고 해결하는데 요구되는 능력과 해결방법을 갖추는데 강조점을 두고 있다. 즉, 과학적 탐구에 대한 이해와 과학의 탐구 수행 능력을 가지는 것이 현대의 과학적 소양의 목표이다.

과학적 탐구는 문제를 조사하는 과정과, 진리 또는 비판적 사고를 요구하는 지식을 추구하며, 관찰하고 질문하고 실험을 수행하고 결론을 도출하는 과정을 의미하는데 어린이들은 다음과 같은 순서로 문제를 해결한다.

- 가지고 있는 모든 지식과 방법을 동원한다.
- 문제 해결에 적합하다고 판단되는 방법을 고른다.
- 선택한 방법들을 적절히 조절하여 나름대로 방안을 강구한다.

---

26 윤경훈, 「과학관 사업 활성화를 통한 과학문화 확산 방안 연구」, 세종대학교, 석사학위논문, 2006, 25쪽.

○ 적절치 못하면 다른 지식과 방법을 동원한다.[27]

위의 순서를 살펴보면 어린이들이 모든 지식과 방법을 동원함에 있어 주저함이 없고, 문제 해결의 방법을 선택함에 있어 어린이마다 다 다른 양상을 보인다. 또한 소꿉놀이, 모래놀이, 찰흙놀이를 하듯 다양한 과학탐구의 방안을 강구하며, 자발적으로 다른 지식과 방법을 동원한다는 점에서 앞에서 밝힌 놀이의 특성과 과학탐구의 과정은 연관성이 있다.

그렇다면 어린이 과학관은 어린이의 눈높이에 맞는 과학탐구의 과정을 전시연출이나 공간연출에 적용하여야 하는데, 존 듀이(John Dewey)와 마리아 몬테소리(Maria Montessori)의 지향 방향에서 어린이 과학관의 구성 형태를 알 수 있다. 존 듀이는 "어떤 사건의 경험은 행동과 그것에서 얻어진 결과의 앞뒤를 연결함으로써 마음과 육체적 행동의 연속성이 있다. 경험은 항상 실제 세계에서 일어난 것이고 그것의 주체는 개인이다. 어린이가 불에 손을 대는 자체가 경험이 아니고 그 결과로 받은 고통에 연결될 때 경험이 된다. 교육에 있어서 경험을 통해 배운다는 것은 마음의 훈련이 육체적인 행동을 수반하는 것이다."라고 주장하였다. 마리아 몬테소리는 "배울 수 있는 모든 자료들을 어린이들이 자유롭게 활용할 수 있도록 전적으로 어린이들에게 일임하여야 한다."고 하였다.

이렇듯 어린이들은 대상물을 직접 만지고 움직여 보면서 문제를 인식하고 파악한다. 사물과 직접적인 상호작용을 통해 어린이들은 여러 지식들을 자신들만의 생각으로 재정립하는 것이다.[28]

이렇게 볼 때 어린이 과학관 또는 어린이과학탐구관은 어린이들이 과학적 소양을 키우기 위하여 과학의 개념을 이해하고, 즐겁고, 적극적이며, 체험적인 과학의 탐구 활동을 통해 경험을 얻는 과정이 강조되는 공간이라고 정의할 수 있다. 과학을 소개하고 탐구한다는 것 자체는 미래 · 미지 ·

27 국립중앙과학관, 「어린이 과학탐구관 전시기획 연구」』, 국립중앙과학관, 2003, 4~5쪽.
28 국립중앙과학관, 앞의 글, 6쪽.

상상의 세계의 일들을 그러한 개념으로 디자인된 공간에서 경험해 볼 수 있다는 점과 과학은 다른 분야와 달리 기술의 발달과 밀접한 관련이 있으므로 어린이들이 체험 시에 테마파크에서와 같은 탑승물(라이드)를 이용하여 과학의 원리를 이해할 수 있다는 엔터테인먼트적 특징이 있다는 점에서 어린이 과학관은 어린이 놀이공간, 어린이과학테마파크, 테마파크형 어린이 과학관 등으로 불릴 수 있다. 그러므로 어린이 과학관의 전시연출과 공간구성은 여타의 박물관과는 다른 시각으로 접근하여야 한다.

(2) 어린이 과학관의 목표

어린이 과학관이 필요한 이유는 학교 환경과 전통적인 박물관 또는 과학관 환경과의 차이에서 찾을 수 있다. 여전히 많은 학교의 형태는 고정적인 책상과 의자에 앉아서, 머리와 눈은 앞을 향한 채 이루어지고 있다. 학생들은 수업에 집중하는 게 아니라 수업이 끝남을 알리는 소리에 집중한다. 전통적인 박물관이나 과학관은 어떠한가? 누군가가 그곳에 가자고 했을 때 얼굴부터 일그러지고, 관람 중에도 지겨워하는 어린이들과 성인이 대부분이다. 이것은 많은 학교와 전통적 박물관이나 과학관이 자발적이고 집중적인 활동을 자극 · 지속 · 유도하는데 실패했음을 의미한다. 따라서 학교 밖 교육이라고 할 수 있는 어린이 과학관은 독특하고 흥미로운 과학학습과 실생활과 관련된 주제를 통해 관련되고 친근한 과학교육환경의 역할을 할 수 있으므로 그러한 단점을 극복할 수 있다. 또한 개개인의 선호도에 따라 자유롭게 관람할 수 있으므로 어린이 개개인의 능력과 다양성을 인정할 수 있다.

즉, 교육적 측면에서 보면 제도권 하에서의 교육이 아닌 비제도권, 형식 교육이 아닌 비형식교육에 대한 수요가 점차 증가하고 있는 상황에서 새롭고도 다양한 교육 환경으로 어린이 과학관의 설립이 필요하다.

향유자적 측면에서는 어린이와 성인은 관람의 방식이나 체험의 방식이 다르다. 성인은 평생학습의 개념이나 교양의 개념 또는 여가용으로 과학관을 들르지만, 어린이는 과학관에서 내가 지금 무엇을 배우고 있다고 생각하기보다는 과학관을 신기한 체험물로 가득한 놀이공간으로 인식하고 그저 재미있게 논다. 따라서 어른들과 다른 체험공간으로서 어린이 과학관이 필요하다.

가족 구조의 변화 측면에서는 맞벌이 부부가 증가하고, 핵가족화와 형제수의 감소 등에 따라 이를 보충하고 지원하는 시설이 필요하다. 맞벌이 부부의 증가와 핵가족화는 가족과 함께하는 시간의 부족으로 대화시간이 짧아진다는 점과 형제가 없거나 적은 어린이는 다른 사람과의 접촉 기회가 많지 않기 때문에 원만한 대인관계와 건전한 자아형성을 위해서 가족 또는 또래 집단과 함께할 수 있는 공간 및 프로그램이 요구된다.

사회의 변화 측면에서 보면, 여가시간은 늘어나는 반면 제대로 즐길 수 있는 환경이 부족하고 또한 어린이들은 학교와 학원, 그리고 집을 오가는 단조로운 일상과 가중되는 학업의 부담으로부터 벗어날 수 있는 놀이와 여가의 기능을 담당하는 장소로서 어린이 과학관이 필요하다.

기술의 발달 측면에서는 디지털 기기의 발달로 혼자 즐기는 어린이나 성인이 점차 늘고 있다. 그러나 어린이 과학관에서는 아날로그 및 디지털로 구현된 많은 체험물을 어린이들이나 가족이 함께 이용함으로써 기법과 기계와의 상호작용뿐만 아니라 또래와의 상호작용도 도모하여 사회성 발달에 기여할 수 있다.

기타 지역문화의 발달적 측면으로는 지역을 대표하는 문화공간으로 지역의 문화 및 복지에 기여하는 역할을 하므로 어린이 과학관이 필요하다.

앞의 필요성에 따른 어린이 과학관의 목표를 정리해보면 다음과 같다.

○ 어린이들의 발달 단계에 따른 교육이 행해져야 한다.

어린이는 발달 단계에 따라 행태 특성에 차이가 있으므로 그것을 기반으로 놀이를 통한 교육은 신체적인 발달뿐만 아니라 인지적, 사회적 발달

과정에 도움을 준다.

○ 창조적이고 다양한 방법을 통한 교육을 장려한다.

학교나 교과와 연계된 과학 프로그램을 개발하거나 학교에서 행하지 않는 것을 통해 다양한 교육의 창구를 만든다.

○ 놀이공간과 과학교육공간의 복합 기능을 수행한다.

다감각을 통한 과학 체험으로 즐겁게 학습할 수 있도록 한다.

○ 과학과 문화 · 예술 · 자연환경 등을 함께 탐구하고 체험함으로써 어린이 자신과 주변 세계에 대한 이해를 도모한다.

○ 평생학습의 장이어야 한다.

과학을 통해 어린이과 그 가족 간의 소통의 장이자 세대를 잇는 연결고리, 그리고 어린이뿐만 아니라 지역주민을 위한 평생학습의 공간이 되도록 한다.

○ 사회복지 실천의 기관이어야 한다.

최초의 어린이 박물관인 브루클린 어린이 박물관의 설립 계기에서와 같이 소외받는 어린이와 지역인을 위한 복지의 기관이다.

(3) 어린이 과학관의 특징

어린이 과학관은 과학이라는 테마, 체험이라는 방법, 그리고 교육이라는 목표를 가지고 있으므로 일반적인 어린이 박물관의 특징과 과학관만의 특징을 합쳐서 살펴본다.

코헨(Cohen, 1989)은 어린이 박물관의 특징을 다음과 같이 설명한다.

○ 관람자 중심의 기관(Spectator oriented Place)

'아동중심의 기관'과 '가족학습이 이루어지는 곳'으로 설명한다. 어린이 박물관은 어린이의 욕구와 학습 스타일을 고려하여 공간과 전시를 계획하고, 어린이들에게 하고 싶은 것을 자유롭게 선택하도록 하며, 자기 발달 수준에서 시작하여 자기-주도적인 학습이 이루어지도록 하는 곳이다. 또한 어린이와 성인은 함께 탐색하고 발견하는 경험을 통해 각자 나름대로의 학습을 이루며, 서로에 대한 이해를 도모하는 장소이다.

○ 다양한 학습의 공간(Various Learning Place)

어린이와 성인이 함께 의사소통 하는 동안 공동의 탐색을 통해 추상적인 학습을 넘어 구체적인 학습을, 언어적인 상호작용을 넘어 신체적인 학습을, 개념적인 학습을 넘어 경험적인 학습을, 이론적인 이해를 넘어 감각적인 학습을 경험케 하는 곳이다.

레빈(Lewin, 1989)은 다음과 같이 설명한다.

○ 직접적인 체험식 경험(Direct, Hands-on Experience)

어린이 박물관은 모든 연령의 사람들에게 입체적으로 만져볼 수 있는 전시와 물체로부터 직접 배울 수 있는 기회를 제공함으로써 구체적으로 개념을 제시하는 곳이다. 어린이 박물관은 문화적 · 과학적 · 예술적 가치를 전달하기 위해 전통적인 박물관과 달리 전시품을 어린이들이 그들의 발달적 욕구에 맞춰 사용하도록 격려하며 즐거운 놀이를 경험 하는 동안에 환경과의 상호작용 결과로서 학습이 이뤄지도록 도모하는 곳이다. 어린이박물관에서는 어린이 각자가 자신의 흥미에 맞는 전시를 선택해 자기 주도적으로 활동하고 학습한다.

○ 공간 체계(Space Frames)

어린이 박물관은 학교와 달리 시간이 아니라 공간에 따라 조직되는 비형식적인 교육기관이다. 정해진 시간이 아니라 각자의 주의집중 시간과 흥미에 따라 선택한 공간에서 학습한다. 이것은 교육환경 구조에 새로운 패러다임을 제공하는 것으로 집중력을 육성하고 학습이 맥락 내(Contextual)에서 이루어질 수 있다는 패러다임을 제시하였다.

○ 맥락 안에서의 학습(Learning in Context)

어린이 박물관의 가장 효과적인 표현방식 중 하나는 박물관 환경 내에 속해 있는 모든 물체들이 맥락적으로 관련되도록 기획되었다는 것이다. 정보란 특별한 경험과 관련된 모든 것을 포함하는 맥락적인 체계로 저장됨이 밝혀진 바, 어린이 박물관에서는 지식과 정보가 전체적인 맥락 내에서 실제경험과 관련될 수 있도록 기획된다. 예를 들어, 어린이박물관 역할놀이 공간에서 상점의 주인과 손님 역할을 수행하는 어린이들은 지금 내가 수학 문제를 풀고 있다고 생각하지 않고, 잡화점 사인물을 디자인하면서 내가 지금 미술시간에 수업을 받고 있다고 생각하지 않는다. 이처럼 어린이 박물관의 학습이란 교과목을 분리함으로써 경험을 분류하고 경계를 만들어 오히려 아이디어의 통합을 저해하는 학교교육과 달리 여러 내용들을 한꺼번에 다루면서 통합적인 교육을 실시한다.

○ 정서적 반응을 야기하는 전시(Minds-on, Hearts-on)

어린이 박물관에서 말하는 좋은 전시란 어린이들에게 단지 체험을 허락하는 전시가 아니라 이해하고, 감동하는 전시를 말한다. 이러한 전시는 어린이의 상상력을 자극하고 박물관에 대한 좋은 기억을 가지게 한다. 이 부분은 앞의 이경희와 견해를 같이 한다.

○ 전문 인력의 보유(Retention of Professional Educator, Animator, Museum Teacher)

어린이 박물관에는 적절한 안내와 자극을 제시할 박물관 교사라는 특별한 전문인력이 있다. 에듀케이터 또는 박물관 교사, 업무에 따라서 다른 이름으로 다양하게 불리는데 이들은 전시시설에 대한 안내, 도움, 설명, 보호 등의 역할을 담당한다.[29]

차상모(1998)는 '어린이 박물관은 비형식적이며, 매우 사회적이고, 놀이스럽고, 모험적인 요소를 가지는데 그 특성이 있다. 형식적인 학교교육이 집단으로 짜여진 틀 속에서 순서대로 밟아가는 곳이라면 어린이 박물관은 형식적 교육기관에서 놓치기 쉬운 내용들을 담아 개별적인 학습이 가능한 곳이다.'[30]라고 하였다.

권정란과 윤재은(2002)은 '어린이 박물관은 어린이의 행동 특성과 신체적 조건에 따라 어린이의 건강과 안전을 위한 환경과 놀이를 통한 교육환경이 구비된 시설로 관람자 중심의 전시특성에 따른 전시형태가 이루어지는 특징이 있다.'[31]고 하였다.

이상에서 살펴본 어린이 과학관의 특징을 정리하면 첫째, 과학을 이해하고, 과학 탐구의 과정을 체험하는 기관, 둘째, 어린이의 발달특성을 고려한 기관, 셋째, 어린이와 가족이 중심이 되는 관람자 중심의 기관, 넷째, Hands-on, Minds-on, Hearts-on의 통합적 체험의 기관, 다섯째, 다양한 학습의 기관, 여섯째, 놀이와 학습이 어우러진 기관, 일곱째, 비형식적 교육의 기관, 여덟째, 시간 중심이 아닌 공간 중심의 기관, 아홉째, 내외부적으로 과학의 컨셉이 이미지텔링되는 기관, 열째, 전체적인 맥락 중심의 기관, 열한째, 엔터테인먼트적 요소가 적용되는 기관, 열두째, 과학관 교사가 있는 기관 등이다.

(4) 어린이 과학관의 공간 구성

어린이 과학관은 기능적인 측면에서 볼 때 전시공간, 교육공간, 서비스

---

29 서자현, 「Skyes의 박물관 학습이론에 의한 어린이 박물관의 공간계획에 관한 연구」, 15~17쪽에서 재구성.

30 차상모, 앞의 글, 12쪽에서 재구성.

31 권정란, 윤재은, 「어린이 박물관의 전시설계를 위한 관람특성 연구: 삼성어린이박물관을 중심으로」, 한국실내디자인학회 학술발표대회논문집 제4권 제4호, 2002, 78쪽.

공간, 수장공간으로 구성된다. 전시공간은 어린이들이 직접 관람하거나 전시물을 만져보고, 이벤트나 실험에 참여하는 형식으로 운영된다. 전시공간의 환경은 인공환경물과 자연환경물로 구분된다. 교육공간은 실험실, 세미나실, 도서 및 자료실, 어린이 열람실, 놀이방, 극장 등으로 구성된다. 서비스공간은 로비, 주 출입구, 오리엔테이션 룸, 휴게실 및 식당, 기념품 판매점, 매표소, 휴대품 보관소, 양호실, 화장실, 사무실 등으로 구성된다. 수장공간은 대게 어린이 과학관에서는 생략되는 경우가 많다.

또한 위치에 따라서 실내공간, 실외공간으로 구성된다. 실내공간으로만 구성되어 있는 경우가 대부분이지만, 규모가 큰 어린이 과학관의 경우 실외공간까지도 포함한다. 실외공간에는 조형물, 건축물, 조명, 색채, 실외 놀이터 등의 연출로 어린이 과학관의 전시 주제와 부합하도록 연출한다.

3) 어린이 과학관의 유형

박물관의 분류에 있어서 어린이 과학관은 이용자별 분류에 속한다. 즉, 어린이 과학관은 연령대를 기준으로 하여 이용 층이 어린이인지, 청소년인지, 성인인지에 따라 구분할 때 어린이 대상의 박물관인 것이다. 또 전시 목적에 의한 분류에 있어서 어린이 과학관은 교육 목적의 박물관이다. 그리고 전시주제에 의한 분류에 있어서 어린이 과학관은 과학을 테마로 한 곳이다. 결국어린이를 대상으로 하여 어린이의 과학 교육을 목적으로 체험이라는 기법을 사용하는 박물관이 어린이 과학관인 것이다. 어린이 과학관은 어린이를 이용 대상으로 하므로 전시물의 높이, 색채, 환경 등은 어린이 눈높이를 고려하고, 과학이라는 테마에 맞게 첨단적이거나 미래지향적인 개념으로 디자인된다.

그렇다면 어린이 과학관의 유형에는 어떠한 것들이 있을까? 어린이 과학관은 옥토끼우주센터와 같이 특정한 주제를 가지며 독립적이고 전문적인 과학센터의 형태도 있고, 국립과천과학관 내의 어린이탐구체험관과 같이 과학원리를 소재로 종합과학관내에 별도의 부속공간으로 어린이 과학관이 있는 경우도 있다. 또한 삼성어린이박물관과 같이 복합어린이박물관 내에 과학코너만 한 공간을 차지하는 경우도 있다. 뿐만 아니라 대상이 명확치 않아 온 가족이 다 관람하거나 주 관람층이 어린이인 경우 어린이 과학관에 포함시키기도 한다.

이 책에서는 자연사박물관을 제외한 만 12세 이하의 어린이를 주 대상으로 하는 어린이 과학관의 유형만을 살펴보기로 한다. 어린이 과학관은 어린이 박물관만큼 양적으로 많지 않고, 과학이라는 특정한 분야가 있기 때문에 국립 · 공립 · 사립 등의 설립주체나 대 · 중 · 소규모에 따른 유형 분석은 크게 의미가 없다고 판단하여 '과학교육을 통한 과학관의 기대효과'라는 어린이 과학관의 기본 목표를 기준으로 하였다.

크게 두 가지의 유형으로 나눠볼 수 있는데 첫째 유형은 과학과 미술, 과학과 음악, 과학과 음식 등 과학과 다른 분야와의 결합을 통한 통합교육형 어린이 과학관이다. 둘째 유형은 과학원리를 이해하는 것을 중심으로 하여 과학적 탐구력과 사고력을 키우는 어린이 과학관이다. 유형별 내용은 다음과 같다.

○ 과학과 다른 분야와의 결합을 통한 통합교육형 어린이 과학관

과학이 어려운 것이 아니라 즐겁고 쉬운 것이라는 인식을 주기 위하여 놀이와 체험을 통하여 어린이의 인지능력, 창의성, 사회성, 감각능력을 함양시킬 수 있는 곳이 어린이 과학관이다.

과학과 예술, 과학과 수학, 과학과 음악 등 다른 분야와의 접목을 통해 자연스럽고 쉽게 과학을 이해하며, 일상생활에 과학이 녹아있음을 인식하게 하는 어린이 과학관으로 통합교육을 지향한다.

○ 과학원리를 이해하는 것을 중심으로 하여 과학적 탐구력과 사고력을 키우는 어린이 과학관

어린이 과학 탐구 공간을 통해 어린이들에게 과학적 사고력 및 탐구력

을 키울 수 있어야 한다. 단순한 과학이론의 전개가 아니라 미래에 필요한 과학을 이끌어낼 수 있는 능력을 기르는 것이므로 과학관과 같은 공공시설이 주도가 되어 과학이라는 것이 과학자의 영역이 아니라 어린이 생활의 일부로 자리잡을 수 있도록 친근한 역할을 수행하여야 한다.

다양한 능력을 함양하기위해 과학이 일종의 소재나 도구로써 사용되며 다른 분야와의 결합을 통해 과학이 여러 분야에 적용되고 있음을 알게 하는 유형은 첫째 유형이고, 과학교육의 원래 의미에 충실한 유형은 둘째 유형이다.

다음 표에서 유형별 주요 국내외 과학관을 살펴보고[32], 대표적인 사례는 제4장 사례분석에서 다루도록 한다.

〈표 10〉 어린이 과학관의 유형에 따른 국내 관련 어린이 과학관

유형	지역	국내	대상 연령	형태
과학과 다른 분야와의 결합을 통한 통합교육	서울	삼성어린이박물관 3층 - 떼굴떼굴놀이터 - 워터엑스포II - 나는 나는 자라요 - 어린이 방송국 htp://kids.samsungfoundation.org	영유아~12세	독립형
		별난물건박물관 http://www.funique.com	3세 이상	
		롤링볼뮤지엄 http://www.rollingball.co.kr		
	과천	국립과천과학관 내 어린이탐구체험관 http://cyber.scientorium.go.kr/museum/child.jsp	3세~11세	부속형
	인천	인천어린이박물관 내 과학탐구관 http://www.enjoymuseum.org	2세 이상	
		재미난 박물관 http://www.funkr.com	3세 이상	독립형

32 표의 대상연령은 각 어린이 과학관의 웹사이트와 참고문헌을 참조하였음.

유형	지역	국내	대상 연령	형태
과학원리와 과학역사를 이해하고 탐구하여 과학적 탐구력과 사고력 함양	서울	LG사이언스홀 http://www.lgscience.go.kr	초등 5학년	독립형
		에너지체험관 행복한 i http://www.hiknef.or.kr	초등4~ 6학년	
	부산	LG청소년과학관 http://www.lgscience.go.kr	초등 5학년	
		부산어린이회관 http://www.childpia.kr	유치원~ 12세	
	인천	가스과학관 http://www.kogas.or.kr/museum	유치원 이상	
		옥토끼우주센터 http://www.oktokki.com	4세 이상	
	과천	정보과학나라 http://210.103.1.2/gclib/indes.jsp	8세 이상	
	대전	엑스포과학공원 http://www.expopark.co.kr	4세 이상	

〈표 11〉 어린이 과학관의 유형에 따른 국외 관련 어린이 과학관

유형	지역	국외	대상연령	형태
과학과 다른 분야와의 복합을 통한 통합교육	캐나다	온타리오 과학관 내 키즈파크 http://www.ontariosciencecentre.ca	8세 이하	부속형
	일본	도쿄 파나소닉센터 1층과 3층 -리수피아(과학과 수학의 결합) http://risupia.panasonic.co.jp	유아~중학생	부속형
		키즈 프라자 오사카 http://www.kidsplaza.or.jp	0~2세	독립형
			3~7세	
			초등학생	
	프랑스	라빌레트 시떼 데장팡 http://cite-sciences.fr	2세~7세	부속형
			5세~12세	

유형	지역	국외	대상연령	형태
과학원리와 과학역사를 이해하고 탐구하여 과학적 탐구력과 사고력 함양	미국	산호세 어린이탐구과학관 http://www.cdm.org	6세~11세	독립형
		시카고과학산업박물관 (해리포터전시회 놀이공원식 박물관) http://www.msichicago.org	3세~11세	
		엑스플로러토리움 http://www.exploratium.org	4세 이상	
		캘리포니아 사이언스센터 http://www.californiasciencecenter.org	7세 이상	
		포트워스 과학역사박물관 http://www.fwmuseum.org	3세~12세	
		뉴멕시코 브래드버리 과학박물관 http://www.lanl.gov/museum	유치원~11세	
	영국	런던과학박물관 http://www.sciencemuseum.org.uk	5세 이하 5세~7세 8세~11세 12세~16세	
	호주	멜버른 과학관 내 어린이 과학관 http://museumvictoria.com.au/MelbourneMuseum/WhatsOn/Childrens-Gallery	3세~8세	부속형
		퀘스타콘 http://www.questacon.edu.au	4세~16세	독립형
		사이언스 스 http://museumvictoria.com.au/Scienceworks	3세~16세	독립형
	일본	오사카 빅뱅 http://bigbang-osaka.or.jp/	초등 1~3학년	독립형
		요코하마 어린이 과학관 http://www.ysc.go.jp/ysc	4세 이상	
		도쿄 환경 에너지관 원더쉽 http://www.wondership.com	유아~초등학생	
		동경 전력관 http://www.denrykukan.com	어린이	
		소니 익스플로러사이언스 http://www.sonyexplorascience.jp	2세 이상	

4) 테마파크와 어린이 과학관의 관계

(1) 테마파크의 개념

테마파크(themepark)란 '테마(theme)'와 '파크(park)'의 결합이다. 우리말로는 주제로 표현되는 '테마(theme)'는 그리스어의 'tithenal'로 '일관된 것'을 의미하는데, 주로 문학에서 사용된 용어로 '작품의 중심이 되는 사상'을 말한다. 우리말로 공원으로 표기되는 '파크(Park)'는 둘러쌈을 뜻하는 'perh'에서 파생한 단어다.

사전적 의미를 살펴보면 브리태니커 백과사전에는 '오락과 휴식을 위해 따로 조성되는 넓은 장소'라고 되어 있고, 국립국어원에 따르면 '국가나 지방 공공 단체가 공중의 보건 · 휴양 · 놀이 따위를 위하여 마련한 정원, 유원지, 동산 등의 사회시설'이라고 정의하고 있다. 이렇게 볼 때 '테마'는 전달하고자하는 주된 내용이 있는 서사적인 부분이고, '파크'는 형식적이고 물리적인 부분이다. 그런 의미에서 테마파크는 특정한 테마로 둘러싸인 폐쇄적 장소로 테마를 연출하기 위한 각종 콘텐츠와 어트랙션으로 구성되어 있다고 하겠다. 테마파크에 관한 기존의 정의는 다음과 같다.

〈표 12〉 테마파크의 정의

구분	정의
J.Cameron (1981)	테마파크는 만국박람회로부터 어뮤즈먼트 파크, 정부나 지역 박람회, 박물관이나 동물원과 같은 사회문화적 특성을 지녔거나 기타 비영리 시설물에 이르는 관광산업임
ULI (The Urban Land Institute, 1981)	테마파크는 특별하게 창출된 환경과 분위기 속에서 운영되는 가족 위주의 즐기는 공원으로서, 그 속에는 독특한 역사적 배경이 있는 것, 복원된 마을, 유서깊은 철길, 전문박물관, 심지어는 전문쇼핑센터도 해당되며, 가장 인기있는 것은 주제가 있는 탑승시설임
G.Torkidson (1983)	테마파크는 스릴과 환상, 그리고 깔끔함과 친밀한 분위기라는 테마를 기초로 한, 하루 종일의 건전한 가족여행을 제공하는 곳

구분	정의
H.Vogel (1984)	테마파크는 단순한 놀이 시설 티켓이나 음료수를 판매하는 사업이 아니라 즐거움과 경험을 판매하는 사업임
이연택 (1985)	테마파크는 깨끗하고 청결한 분위기 속에서 스릴과 환상과 테마에 바탕을 두며 건전한 가족 위락을 제공하는 곳임
Perry (1986)	테마파크는 특정의 주제를 설정하여 그 주제에 따라 비일상적인 공간의 창조를 목적으로 그 시설과 운영이 그 주제를 기본으로 한 통일적 또는 배타적으로 행하여지고 있는 놀이공원임
한국관광공사 (1986)	테마파크란 특별하게 창출된 환경과 분위기 속에서 운영되는 가족 위주의 즐기는 공원 등의 다양한 시설물로 구성
권오흡 (1989)	테마파크란 주제가 있는 공원이란 뜻으로 어떠한 주제를 설정하여 그 주제를 실현시키고자 각종 시설물, 건축물, 그리고 조형물 등을 전개하고 실현하는 곳.
A.Milman (1991)	테마파크는 다른 공간과 시간의 분위기를 창출해 내고, 건축물과 경치, 훈련된 종사원, 탑승물, 식음료, 그리고 상품들이 선정된 테마에 맞게 조화됨으로써 지배적인 분위기를 집중시킴
이기룡 (1992)	테마파크는 기존의 단순히 즐기기 위한 공원의 개념에서 발전하여 특정 주제하에 생명력 있는 공간으로 조성된 곳으로 다양한 편의시설과 탑승물, 관람물 등을 통하여 이용자들을 현실에서 공상과 꿈의 세계로 유도함으로서 인간의 창의성을 북돋아 주고 다변화하는 인간의 욕구를 만족시켜 주는 곳
McEniff (1993)	테마파크는 다양한 놀이시설과 매력물을 제공하여 오락과 즐거운 경험을 체험하게 하는 곳이고 모든 매력물이 계획된 특정 테마를 주제로 계획 · 운영되는 곳이며, 주제공원을 선택하는 중요한 요인들을 접근의 용이성, 전반적인 가격, 스릴있는 탑승물, 보트와 수영장, 동물원/쇼 등임
R.K.Lyon (1993)	깨끗하고 높은 수준의 경관과 탑승시설물뿐만 아니라 테마가 있는 구역들로 이루어진 건물임
김상혁 (1994)	테마를 만들고 전시장 · 탑승물 · 쇼핑 · 레스토랑 등을 설치하는 곳
표성수 · 장혜숙 (1994)	테마파크는 주제를 중심으로 실체화된 세계를 보여주는 것
Freyer (1995)	테마파크는 관광객들에게 새로운 형태의 여가를 제공해 주는 완전히 인공적인 공원임
정재선 (1995)	테마파크는 기존놀이, 위락시설에 보다 나은 흥미를 위하여 일정한 테마를 가미한 것으로 현대인의 여가 및 관광욕구를 가장 충실하게 만족시키고 있는데, 어느 특정한 테마를 설정하고 분위기를 연출하여 전체를 일관성있게 구성하여 운영하는 레저파크의 한 형식으로 시간을 초월한 거대한 폐쇄된 공간 또는 공원임

구분	정의
김재민 (1996)	테마파크란 관찰대상이 되는 특별한 테마를 가지며, 유원지로부터 발전한 공원의 한 형태로서 가족 여흥의 장소로 제공되며 박물관, 관람회, 기타 문화적 시설을 포함하고, 우수성, 청결성, 친절과 안전을 경영철학으로 하여 매혹, 현실도피, 명성과 흥분의 환상적 분위기를 창출함
지창구 (1996)	테마파크는 일정한 주제로 환경을 조성하고 쇼와 이벤트로 환상적인 분위기를 연출하여 다양한 연령층이 즐길 수 있는 가족 위착을 제공하며 특정한 주제를 설정하여 유희시설 유무와 관계없이 그 주제에 따른 환경과 놀이, 이벤트 등 모든 시설과 분위기를 만들어 전체를 구성 운영하는 레저의 형태
이강로 (1997)	테마파크는 어린이들로부터 노인에 이르기까지 누구나 제한없이 출입이 가능하고 함께 즐길 수 있으며 놀이, 휴식, 스포츠, 즐거움, 먹거리, 살거리가 모두 구비되어 있는 그리고 가족 간의 화목과 대화에 이르기까지 어느 것 하나 통제없이 이용 가능하고, 글자 그대로 놀이 문화가 총체적으로 존재하는, 더욱이 재미있고 교육적으로도 유익한 공간임
엄서호 · 서천범 (1999)	테마파크는 일정한 테마로 전체 환경을 만들면서 쇼와 이벤트로 공간 전체를 연출하는 레저시설임
김성혁 (2000)	테마파크란 테마를 만들고 전시장, 탑승물, 쇼핑, 레스토랑 등을 설치하는 것
김철민 (2001)	테마파크는 주제를 가진 위락공원이라 할 수 있는데, 주제 또는 명확한 특성을 가졌다는 점에서 민속촌 또는 민속센터, 해양공원, 자동차 경주 또는 물놀이 시설위주의 워터파크 등의 소규모 주제공원, 정원박람회, 식물원, 동물원, 조각공원, 자연학습원 등을 포함하며, 시대의 발전에 따라 테마파크의 규모와 시설, 의미가 변해가고 있음
임영수 (2003)	독특한 주제를 가지고 이를 적절히 표현하는 소재를 이용하여 방문객들에게 일상을 탈피한 경험을 제공하는 공원으로 여기에서 소재란 주제를 표현하는 재료를 뜻하고 일반적으로 테마파크에서 주제를 표현하는 소재로는 건축물의 디자인, 직원들의 유니폼, 유기시설, 이벤트, 식음료, 기념품 등을 들 수 있다.
오영준 (2005)	테마파크는 주제가 있는 공원으로서 어떠한 테마를 선정하여 그 테마를 실현시키고자 각종 시설물, 건축물, 그리고 조형물 등을 전개하고 실현시키는 곳.
유재홍 (2007)	테마파크는 방문자에게 다양한 관람시설, 놀이시설 등의 유희시설과 이미지를 제공하여 오락과 즐거운 경험을 체험하게 하는 곳이며 모든 이미지가 계획된 특정 주제로 하여 계획 · 운영되는 곳이며 눈으로 보는 즐거움, 몸으로 느끼는 즐거움, 먹는 즐거움이 함께 공존하는 곳
박지선 (2007)	테마파크는 다양한 자연 및 문화자원을 콘텐츠화한 이미지니어링이 실현되는 공간

위 정의들에서 테마파크의 개념을 종합해 보면, 테마파크는 일정한 테마를 중심으로 그것을 실현시키고자 관련된 하위 테마로 구성되는 서사적 연출, 테마와 관련된 관람 및 놀이시설 등의 엔터테인먼트적 연출, 테마에 맞는 분위기를 조성하는 건축물 · 조형물 · 조명 · 색채 등의 환경적 연출, 놀이뿐만 아니라 방문객의 쇼핑 · 식사 · 숙박 · 안내 등 편의를 제공하기 위한 서비스적 연출 등으로 구성되어 있음을 알 수 있다. 이렇게 구성된 테마파크는 테마성 외에도 관람자가 일상과 다른 환경 속에 와 있다는 비일상성, 현실과 차단된 배타성, 모든 시설이나 환경이 테마와 관련되어 있다는 통일성, 오감을 활용하여 즐기는 총합성 등의 성격을 띤다.

이러한 특성이 그대로 반영된 테마파크의 원형이라고 불리는 디즈니랜드는 이야기 · 건축 · 공간 · 시설의 4가지 핵심구조를 가지고 있다. 이야기는 '줄 없는 인형'으로서 캐릭터들이 살아 숨 쉬는 만화영화에서 기인하고, 건축은 '생명을 불어넣는 건축물'로 만화적인 건축물(Animating Architecture)로 표현된다. 즉, 디즈니랜드는 이야기와 건축의 결합이라고 할 수 있는데 월트 디즈니는 자신이 창조한 애니메이션을 테마파크의 건설에 그대로 적용하여 새로운 세계를 창조해냈다. 수동적으로 보기만 했던 애니메이션을 입체적으로 구현하여 환상적 세계와 캐릭터를 살아있게 하였다.

공간은 '소통하기위해 기능'하고 '메시지를 전하는' 완벽한 장소와 공간(Place&Space)다. 디즈니랜드는 질서있게 통제되는 사람들에게 위안을 주는 장소로 만들어 이 안에서는 폭력이나 혼란 따위가 결코 사람들의 행복을 위협할 수 없고, 어떤 것도 잘못될 리 없는 '완벽한 세계(Perfect World)'라는 메시지를 전달한다. 애니메이션 속의 악당들은 대부분 명랑하고, 유쾌한 성격으로 그려져 악마마저도 즐거운 느낌을 주는 존재로 탈바꿈 한다. 디즈니랜드에서는 아무리 오래 줄을 서도 그 끝에는 반드시 재미난 일이 기다리고 있다는 믿음이 사람들에게 생겨나서 지루한 기다

림이 아니라 행복한 순간이 되게 한다. 완벽한 세계가 곧 행복한 세계라는 메시지를 전달하는 것이다.

시설은 '꿈의 실현'을 구현하는 놀이기구(Attraction)을 의미한다. 월트 디즈니는 "이 곳에서 당신은 현재를 벗어나 과거와 미래 그리고 환상의 세계로 들어가게 될 것입니다."라고 말하면서 애니메이션 속 캐릭터들이 사람들의 시간을 망각하게 만들었듯이 디즈니랜드 역시 같은 꿈을 실현하게 하였다. 대표적인 것이 놀이기구인데 이것은 관람객을 애니메이션 주인공과 동일하게 만들어 애니메이션 속 사건 가운데 가장 극적이고 매력적인 순간을 현실 속에서 체험하게 하였다.[33]

테마파크는 다른 분야에도 영향을 미치는데 카메론(J.Cameron, 1981)과 ULI(The Urban Land Institute, 1981)의 정의에서는 테마파크의 영역을 확장하여 박람회, 박물관, 동물원, 복원된 마을, 유서 깊은 철길, 전문박물관, 전문쇼핑센터까지 테마파크라고 하였다. 박지선(2007)은 다양한 자원 및 문화자원을 콘텐츠화한 이미지니어링[34]이 실현되는 공간이라고 하였는데, 이미지니어링(imagineering)은 '꿈을 실현하는 기술'로 풍부한 상상력(Imagination)과 빼어난 기술(Engineering)의 합성어다. 즉 다양한 자원을 가 지고 이미지니어링이 실현되면 테마파크라고 하여 그 의미를 확대 해석하였다. 특히 과학은 어린이가 좋아하고 동경하는 꿈・우주・미지・환상을 기술로 구현하기에 적합한 분야이므로 과학관은 이미지니어링의 공간이라고 하겠다.

(2) 테마파크형 과학관의 개념

① 테마파크형 과학관의 정의

미국 전시디자인 회사인 스미스그룹의 부회장 그린바움(David B.

---

33 유동환, 「한국문화 르네상스 프로젝트-'한문화 테마파크' 연구용역」, 경북테크노파크(재), 2008, 47~49쪽.

34 이미지니어링은 1940년대 신문에서 가끔 사용되었던 용어지만 지금은 디즈니의 고유어처럼 사용된다.

Greenbaum)은 "오늘날의 박물관은 프로 스포츠 경기와 레저활동과 함께 같은 조건 하에서 경쟁해야만 한다. 또한 비디오 게임과 인터넷에 빠져있는 젊은 관람객을 매료시킬 필요가 있다. 오늘날의 박물관은 모든 종류의 재미있는 어트랙션들과의 경쟁에서 살아남을 수 있도록 어떤 방법을 찾아야 한다."고 주장하였다.[35] 그린바움(GreenBaum)의 주장에서 박물관에도 테마파크와 같이 관람객을 끌 수 있는 재미있는 요소인 어트랙션의 도입이 필요하고 이 것이 21세기 과학관의 새로운 패러다임임을 알 수 있다. 즉, 과학관이나 박물관이 교육 테마파크로의 변화를 꾀하고 있음을 알 수 있다.

그러나 일반적인 과학관과는 달리 테마파크형 과학관에 관한 공식적인 정의는 내려져 있지 않고, 국내의 경우 박물관을 중심으로 임정애(1998), 권순관(2007), 그리고 최고운(2005)의 논문과 이토 마사미(1995)의 책에서 다음과 같이 정의내리고 있다.

임정애는 "테마파크형 박물관의 개념은 박물관의 역사적 변천과 내재적 기능·외재적 역할 기능에서 그 의미를 찾을 수 있고 테마파크는 정원, 즉 유원지의 보편적인 형태에서 방문자의 공감, 기대, 즐거움, 관심 등 심리적 접근을 유도한 랜드스케이프와 어트랙션 시설에서 그 의미를 찾을 수 있다."고 하였다[36].

권순관은 "테마파크형 박물관은 테마파크와 박물관의 특성이 결합된 박물관으로서 테마파크의 환경적 연출기법과 박물관의 전시 기능을 가진다. 테마파크형 박물관은 테마파크의 비일상성, 배타성, 통일성 등을 연출하고 동시에 박물관의 기능적 역할을 수행하고 있다."고 하였다.[37]

---

35 IASDR07, *Study on the Design Process for establishing a Museum Bridging the Gap between the public and the realm of design*, 2007, 2쪽.
These days museums have to compete with professional sport matches and leisure activities under the same conditions. Furthermore there is a necessity to attract the young audience enthusiastic about video games and the internet. A certain way has to be found so that today's museum can survive in the competition with all kinds of amusing attractions.

36 임정애, 「테마파크형 박물관에 관한 연구」, 경성대학교 석사학위논문, 1998, 14쪽.

최고운(2005)은 테마박물관의 의미를 밝혔는데, "일정 테마를 중심으로 하되, 전시를 위한 절대적인 목적을 넘어서 관람객이 테마에 몰입할 수 있도록 내・외적인 구성이 이루어져 있으며, 관람객이 쉽게 접근할 수 있는 심리적 친밀감으로 관람객의 지속적인 관심을 끌 수 있는 박물관"이라고 하였다.[38] 최고운의 정의를 제외한 대부분의 테마박물관에 관한 정의는 지역을 기반으로 지역의 특성에 맞는 테마를 발굴하여 박물관을 테마화한 것으로 하고 있는데 예를 들면, 고령의 대가야박물관, 상주의 자전거박물관, 영양의 고추홍보전시관 등이 그것이다. 그러나 테마는 적용되었지만 전시연출이나 공간・환경연출이 테마파크적 특성을 갖추지 못하면 테마파크형 공간에 넣을 수 없다. 즉, 지역에 적합한 주제로 박물관이나 과학관, 전시관이 있지만 기존의 전시물 위주로 구성되어 있다면 테마파크형 공간이라고 할 수 없고, 단순히 박물관, 과학관, 체험관이다.

이토 마사미(1995)는 오사카 천리만국박람공원에 있는 국립민족학박물관의 전시를 박물관(Museum)과 어뮤즈먼트(Amusement)를 조합하여 '어뮤지엄(Amuseum)'이라고 표현하였다. 어뮤지엄은 박물관의 기능을 수행하면서 관람객의 지적 탐구심을 흥미롭게 촉발・충족시키는 수단을 갖춘 박물관 상이다[39]. 국립민족학박물관의 전시는 커다란 테마성에 호소하여 관객의 상상력과 감성을 자극하는데 엔터테인먼트의 기법을 쓰고 있는 것이다. 역사박물관 외에도 동경전력은 어뮤지엄 개념을 적용한 전기사료관 약 24곳을 운영하고 있다.

과학관이나 테마파크에서의 엔터테인먼트는 놀이와 유사한 의미를 가지지만, 단순한 놀이가 아니라 누군가에 의해 제공되는 것으로 박장순(2002)은 '엔터테인먼트란 즐거움을 주는 행위나 즐거움을 주기 위해 창

---

37 권순관, 「어트랙션의 요소를 적용한 테마파크형 뮤지엄의 유형분석: 국내・외의 테마박물관을 중심으로」, 한국실내디자인학회논문집 제16권 2호 통권61호, 2007, 175쪽.

38 최고운, 「내러티브 특성에 근거한 테마뮤지엄 디자인에 관한 연구: 내러티브 구조 확립을 중심으로」, 한국과학기술원, 석사학위논문, 2005, 16쪽.

39 탄 세이켄 연구소, *Hands-on Museum*, 1999.

조된 일체의 인위적인 생산물들로, 세상사를 잊고 잠시나마 삶의 고통을 유보할 수 있게 해 주는 것'[40]으로 정의하였다. 대표적인 어린이 과학관인 샌프란시스코의 엑스플로러토리움(Exploratorium) 또한 엔터테인먼트 기법으로 어린이들의 상상력과 과학에 대한 흥미를 끌어내고 있다. 이것은 정보와 교육을 교과서적이고 백과사전적 방식으로 나열한 것이 아니라 과학자가 새로운 것을 발견 또는 발명했을 때의 감동을 관람객도 똑같은 기분으로 체감할 수 있게 하고, 비슷한 기쁨이 치밀어 오르도록 했으며, 체험을 오감으로 느끼게 하며 어느 새 친근감을 느낄 수 있도록 했기 때문이다.[41] 이런 의미에서 엑스플로러토리움은 Feels-on, Hearts-on의 과학관이라고 할 수 있다.

테마파크형 박물관에 관한 네 가지 정의의 공통점은 기존의 박물관의 전시 형태를 넘어서 관람자를 매료시킬 수 있는 요소가 필요한데 내용상으로는 서사를 기반으로 한 테마를 적용하고, 표현상으로는 엔터테인먼트한 콘텐츠가 도입되어야 한다는 것이다.

테마파크형 박물관의 정의에서 테마파크형 어린이 과학관의 정의를 도출해 보면 '테마파크형 어린이 과학관은 교육 테마파크로서 기존 과학관의 고정된 이미지에서 벗어나 적극적이고 창의적인 전시 연출과 함께 테마파크적인 구성과 구조를 건축과 공간에 도입한 것이다. 즉, 엔터테인먼트, 체험시대의 도래, 그리고 기술발달에 따른 과학관의 변화를 배경으로 하며, 기본적인 과학전시 및 과학교육의 기능에 테마파크의 특성인 테마성, 비일상성, 배타성, 통일성, 상호작용성, 체험성, 탐구성, 교육성 등이 어린이의 놀이 특성 및 욕망(killer desire)과 맞물려 이야기와 흥미로운 요소, 원리와 창조적인 응용을 연출하는 콘텐츠로 구성된 곳'으로 정의내릴 수 있다.

---

40 박장순, 「학문으로서의 엔터테인먼트 그 개념적 접근과 시대구분」, 한국엔터테인먼트학회지, 2002, 35쪽.

41 이토 마사미, 『사람들이 모이는 테마파크의 비밀』, 일신사, 1995, 109~111쪽.

② **테마파크형 과학관의 특징**

테마파크형 과학관은 일반적인 과학관과는 달리 테마파크의 특성을 가지는 과학관이므로 고티너(Gottdienner)가 기존의 테마파크 개념에서 정리한 테마파크의 특성인 테마성, 비일상성, 배타성, 통일성[42]에 테마파크와 과학관의 공통된 특징인 상호작용성, 체험성, 탐구성, 교육성을 살펴보고, 과학관의 전시기능에 대입하여 본다.

○ 테마성

테마성이란 특정한 주제와 스토리를 바탕으로 한 것으로 하나의 테마를 중심으로 관련있는 몇 개의 하위 테마들이 결합하여 구성된다. 하위 테마들끼리는 서사 장르와 같이 일련의 흐름을 가지기도 하고, 일련의 흐름없이 독립적으로 구성되기도 한다. 테마는 발신자의 전해 주고 싶은 테마와 수신자의 전해 받고 싶은 테마의 결합이라 할 수 있는데, 이를 과학관과 연결시켜 보면 "테마란 관람자가 무엇을 기억으로서 가져갔으면 하 는가를 단적인 말로서 제시하는 것으로 과학관의 전시 방향을 결정하고 전시 내용의 핵심을 확정하는 것[43]"으로 결국 테마성은 테마파크형 과학관의 핵심 요소이다. 테마성의 실현을 위해서 과학관의 내・외부 공간의 환경 및 전시는 핵심 테마를 구체적으로 실현할 수 있도록 연출되어야 한다.

스토리에 있어서도 과학자에 관련한 에피소드나 과학이론은 과학관의 중요한 테마가 될 수 있다. 스토리는 기술이나 매체로부터 독립적이므로 과거의 과학자를 오늘날의 과학자로 재탄생시킬 수 있으며, 과학이론에 관해서 스토리 속의 모티브를 차용하여 쉽고 재미있게 전시를 풀어나갈 수 있다.

---

42 이정화, 김준기, 『테마의 시대』, 세진사, 1996, 127~134쪽.

43 홍진화, 「테마를 중심으로 한 디스플레이에 관한 연구」, 경성대학교, 석사학위논문, 1992, 33쪽.

○ 비일상성

비일상성은 일탈, 현실도피, 꿈과 환상 등 일상과 현실에서 벗어나 가상의 공간을 경험하게 하는 특성을 말한다. 많은 테마파크에서 과거의 세계, 미래의 세계, 동화 속 세계 등 현실과 다른 세계로 구성되어 있는 것이 그것이다. 테마파크형 과학관에서의 비일상성은 과학의 원리를 이해하기 위한 각종 체험 장치들, 테마와 관련된 비일상적 환경연출로 이계(異界)공간에 와 있음을 알 수 있게 한다.

○ 배타성

비일상성과 마찬가지로 배타성은 현실과 완전히 차단된 공간을 의미하는 곳으로 폐쇄적임을 나타내기 위하여 현실주거공간이 시야에 보이지 않도록 설계하거나 숲·벽·작은 언덕·울타리 등으로 둘러싼다. '둘러싸는 것'의 원래의 의미는 외부와 내부, 타인과 자신의 공간을 구분하는 것이다.

○ 통일성

통일성은 주어진 테마에 의한 물리적, 시각적, 서비스적, 콘텐츠적 부에 이르기까지 일관된 이미지를 형성하는 것이다. 건축양식, 조명, 소품, 탑승물, 캐릭터, 이벤트, 식음시설, 판매상품, 캐스트들의 복장, 칼라 등의 통일된 이미지를 통해 하나의 세계가 완성된다.

○ 상호작용성

과학관에서의 상호작용은 과학관의 테마와 커뮤니케이션하기 위한 방법이다. 전시를 단순히 관람하는 수동적 상호작용과 직접 참여하거나 체험하는 능동적 상호작용 모두를 포함한다.

○ 체험성

상호작용의 수단으로 과학관에서의 체험은 대단히 중요하다. 과학의 원리나 우주인의 생활을 이해하기 위한 라이드의 탑승, 과학연극에의 참여, 각종 작동물의 조작 등을 통해 즐거운 학습을 경험하게 된다.

○ 탐구성

과학과 어린이 시기의 특성 상 테마파크형 과학관은 공상적이고 환상적인 놀이, 그리고 호기심과 모험심을 유발하는 분야이다.

○ 교육성

과학관은 유아, 어린이, 청소년을 주로 그 대상으로 하지만 성인에게도 교양이나 평생교육의 장으로서 기능하고 있다. 특히 유아부터 대학 입시 전에 있는 자녀를 가진 부모들은 단순히 즐기는 공간이 아닌 즐겁게 학습하는 공간을 선호한다. 이런 측면에서 교육성은 과학관의 고유한 기능이면서 테마파크형 과학관에서도 배제되어서는 안 되는 특성이다.

앞에서 제시한 조셉 파인 2세와 제임스 길모어의 고객 체험의 4요소를 테마파크의 특징에 대입하면 [그림 2]와 같다. 체험 요소 중 에듀테인먼트 체험(엔터테인먼트 체험과 교육 체험의 결합)은 테마파크의 특성 중 테마성, 상호작용성, 체험성, 탐구성, 교육성과 관련되고, 현실도피 체험(또는 비일상적 체험)은 테마성, 비일상성, 배타성, 통일성과 관련된다. 그리고 미적 체험은 테마성, 비일상성, 통일성과 연관된다.

다음에서는 이러한 연관성을 어린이 과학관에 적용해 본다.

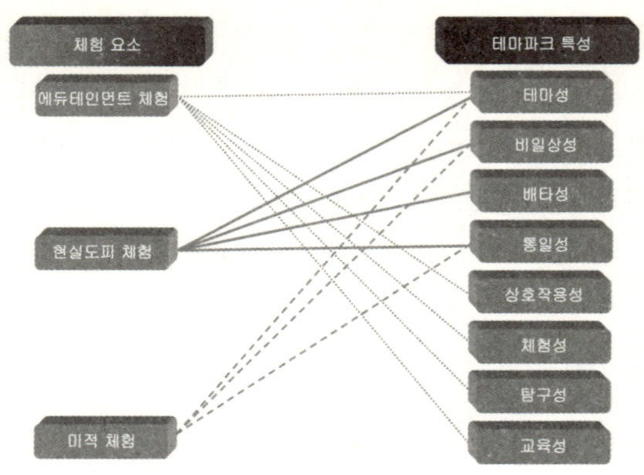

[그림 2] 체험 요소와 테마파크 특성과의 관계

③ 어린이 과학관에 적용 가능한 테마파크 콘텐츠의 이해

위와 같은 특성을 구현해주는 장치가 콘텐츠인데 결국 테마파크형 과학관에서는 전시연출, 공간환경연출, 운영서비스연출에 이것이 적용되는 것이다. 콘텐츠는 특정한 주제와 그 주제를 잘 표현할 수 있는 내용과 방법이 결합된 결과물이라고 하겠다. 테마파크의 경우 주제와 내용은 원형이 되는 동화, 설화, 애니메이션, 영화의 스토리를 토대로 하고, 과학관의 경우는 과학원리, 과학이론, 과학자의 일대기나 일화, 발명, 과학과 관련된 동화 및 영화 속 이야기 등에서 스토리를 뽑아낼 수 있다. 표현할 수 있는 방법은 콘텐츠적인 부분, 소프트웨어적인 부분, 하드웨어적인 부분, 그리고 운영서비스적인 부분으로 나눌 수 있는데 콘텐츠 부분은 테마와 스토리에 따른 내용 연출, 소프트웨어 부분은 각종 탑승물, 영상물, 쇼, 퍼레이드, 이벤트, 캐릭터 등이고 하드웨어 부분은 건축물 인테리어/아웃테리어, 조명, 사인, 컬러, 거리, 통로, 그리고 운영서비스적인 부분은 프로그램, 전시지원시스템, 식음 및 판매시설, 휴게시설, 에듀케이터, 자원봉사자, 도슨트, 재입장시스템, 안내시스템 등이 해당된다.

정리하면 [그림 3]과 같다.

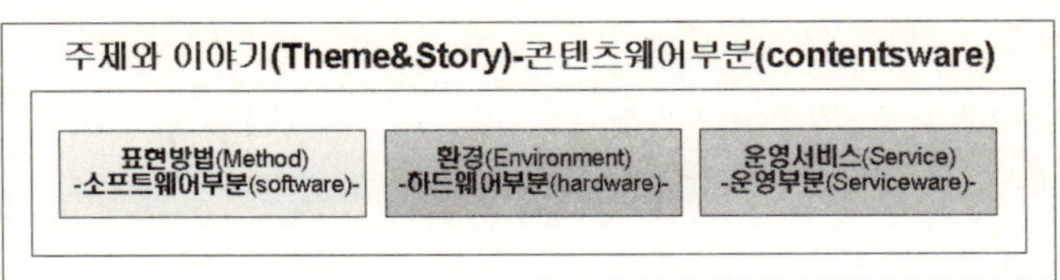

[그림 3] 어린이 과학관에 적용 가능한 테마파크 콘텐츠 구성

특히 어린이 과학관과 관련한 놀이교육 환경을 위한 콘텐츠는 기존 테마파크의 콘텐츠를 도입하면서도 앞에서 밝힌 어린이 놀이의 특성과 욕망을 고려한 설계가 필요하다. 프로스트, 워담, 레이펠(Frost J.L, Worthan, S.C,Reifel, S, 2007)은 어린이를 위하여 마술적인 놀이 환경을 만들기 위한 9가지 특성을 제시하였는데[44], 그중 어린이 과학관의 테마파크적 특성에 적합한 사항을 7가지로 정리해 본다.[45]

첫째, 크기 변화로 크거나 작은 것으로 구성하는 것이다. 우주선이나 인체의 확대 또는 축소물은 어린이가 상상력을 발휘하는데 가장 효율적인 방법이라고 한다. 대부분의 어린이는 아주 작고 귀여운 것에 매력을 느끼며, 실제 크기 이상의 기차나 비행기, 공룡을 보고 두려움, 호기심, 경이로움을 느낀다.

둘째, 이야기시간으로 어린이의 상상 속 동화나라에서는 사람처럼 요정이나 동물들이 이야기를 나누며 살고 있다. 어린이는 이런 상상 속 동물들의 이야기 듣기를 좋아할 뿐만 아니라 자신의 가상놀이에 이 상상의 동물들의 환상을 살리는 것을 좋아한다. 그래서 동화에 영향을 받은 이야기 시간과 어린이의 상상의 시간이 결합하여 자신만의 환상 세계를 만든다.

44 Frost J.L, Worthan, S.C, Reifel, S, *Play and Child Development*, 2005, 정민사, 40~41쪽.

45 정소연, 「놀이문화로서 테마파크 콘텐츠 분석 및 아동의 인식」, 숙명여자대학교, 석사 학위논문, 2008, 33~34쪽.

셋째, 사실성이다. 만4세 이상의 어린이는 진짜 물건과 장난감의 차이를 인지한다. 그리고 어린이는 여러 상황에서 가짜보다 실제 물건을 더 선호한다. 예를 들어 작동되는 미래형 자동차가 있다면 어린이는 자동차에 관해 더 풍부한 특징들을 이해하게 되며 심오한 영향을 받는다.

넷째, 감각성이다. 어린이들은 시각, 청각, 촉각 등의 감각을 발달시킨다. 감각과 관련된 장소는 더 매력적이며, 기억이 오래 남는다. 그러므로 동물소리, 꽃의 색깔과 향기, 물 흐르는 소리, 우주선 발사 소리, 특수물질의 촉감 등은 어린이의 감각과 연합하여 어린이의 상상력을 고양시킬 수 있다.

다섯째, 과거와의 연결성이다. 과학과 관련한 시대와 역사는 신비적인 분위기를 준다. 예를 들어, 석탄으로 가는 증기 기관차의 원리를 이해하는 과정은 지금의 전기 엔진보다 훨씬 신기하고 숭고한 느낌을 준다.

여섯째, 독특성과 이국성이다. 어린이는 동화적이고 어울릴 것 같지 않은 것들, 예측 불가능한 것들에 호기심을 갖는다. 어린이들은 사물이 특이하고 이국적이며, 이상하고 보기 드문 것들에 대해 이유를 불문하고 좋아한다. 과학의 원리를 활용한 아이디어 체험물이나 지진 체험, 생김새가 특이한 동식물에 관심을 보인다.

일곱째, 재구성할 수 있는 재료들과 부속품으로 되어 있으며, 단순한 기능의 도구들이 갖추어져 있어야 한다. 어린이들이 쉽게 만질 수 있는 재료들과 도구들이 있어 언제든지 어린이 스스로가 디자이너가 되어 변형시킬 수 있어야 한다. 어린이는 공주, 왕자, 마법사 등 스스로 변하기를 원하는 욕구와 함께 자신이 직접 무언가를 변화시키는 데 큰 관심을 보이기 때문이다.

위 7가지의 사항에서 제시된 특성과 어린이의 욕망에 따라 어린이 과학관 콘텐츠의 소재를 다음과 같이 구체적으로 제시한다.

〈표 13〉 어린이의 욕망을 반영한 어린이 과학관 콘텐츠의 소재

소재	종류
어린이의 꿈	·크기: 어른, 거인, 공룡처럼 거대해지거나 반대로 작아지는 꿈 ·파워: 영웅, 부자, 왕자, 공주, 마법사처럼 다양한 힘을 갖게 되는 꿈 ·미지: 하늘을 날거나 높은 곳에 오르거나 미지의 세계를 탐험하는 꿈 ·도전: 위대한 모험, 불가능에의 도전을 시도하는 꿈 ·정복: 로봇이나 우주인이 되어 세계를 정복하는 꿈 ·생명: 장난감과 대화하거나 노는 꿈, 캐릭터가 생명을 얻는 꿈 ·운전: 자동차, 비행기, 우주선을 운전하는 꿈 ·변신: 신데렐라나 슈퍼맨과 같이 변신하고 싶은 꿈 ·발명: 과학자나 마법사처럼 새로운 것을 발명하거나 일시적이지만 만들어 보고 싶은 꿈 ·극복: 극한 상황이나 공포에의 극복
원초적 공포	·죽음: 죽음에의 공포 ·낙하: 떨어짐에 대한 공포 ·익수: 물에 빠지는 것에 대한 공포 ·화상: 불 화상에 대한 공포 ·동물: 동물이나 곤충에 대한 공포 ·파워: 초자연적 힘이나 괴물에 대한 공포 ·재해: 자연재해에 대한 공포 ·어둠: 어둠 속에 혼자 있는 것에 대한 공포
독특한 경험	·자연, 우주, 환상 세계를 독특하게 경험하기 ·스타와의 만남

고다드(Gary Goddard)는 성공적인 콘텐츠의 5가지 E[46]를 제시하였다. Exciting(재미), Eventful(이벤트), Experiential(경험), Emotional(감성), Educational(교육)요소가 그것이다. Exciting은 어린이들을 짜릿하게 하고, 압도하게 하는 재미 요소를 말한다. Eventful은 특별한 아우라를 가진 이벤트 요소를 말하고, Experiential은 매력적이고 몰입할 수 있는 경험 요소를 의미한다. Emotional은 어린이들이 오감을 활용하여 감성을 자극하게 하는 감성 요소를 뜻한다. 마지막으로 Educational은 과학에 대입해 볼 때 과학의 원리를 이해하고, 과학을 통한 다양한 능력이 개발되는 효과가 있는 교육 요소를 말한다. 고다드는 5가지의 E 중 적어도 하나는

46 Gary Goddard, *The Four E's As Keys to an Attraction's Success*, Amusement Business1999.

들어가야 성공적이며, 가급적 5가지 요소를 모두 가지고 있어야 한다고 주장하였다.

테마파크 콘텐츠의 도입에 있어서 과학관은 박물관과 달리 자연, 우주, 인물, 발명품, 과학이론, 생물·물리·화학 등의 과학원리를 소재로 하기 때문에 탑승물(Ride), 입체영상, 게임, 쇼이벤트, 미래 지향적 색이나 조명, 기술을 활용한 환경연출 등의 콘텐츠를 적용하기에 훨씬 유리하다. 과학관은 오락·환상·꿈·희망·이상·동경·신비·신기 등의 이상적이거나 미래 지향적인 개념을 구현한 장소이기 때문에 단순히 눈으로 보는 전시가 아니라 실제로 우주인의 옷을 입어보거나, 우주선에 탑승해 보거나 지진이나 태풍을 체험해 보거나 등의 즐겁고 직접적인 체험으로 어린이의 꿈인 변신, 탐험, 모험, 극복의 실현을 통하여 자연스럽게 과학을 학습할 수 있게 된다.

따라서 이 책에서는 과학원리에 테마파크적 특성을 반영하고 어린이의 욕구가 실현되며, 결과적으로 어린이의 다양한 능력을 개발할 수 있는 어린이 과학관을 제안하고자 한다.

3. 테마파크형 어린이 과학관 연출

앞에서 어린이와 어린이 놀이의 특징, 교육 체험, 테마파크의 특성을 살펴본 바에 의하면 어린이에게는 관람 중심의 전시보다 놀이와 체험 중심의 전시가 적합하다고 할 수 있다. 어린이 과학관에 있어서 교육 체험은 전시 매체, 체험 기법, 과학관 프로그램을 통한 체험, 현장 체험 등으로 분류할 수 있는데 이 책에서는 전시 매체와 체험 기법을 위주로 한다.

과학관은 과학의 원리, 과학 이론 등 어려운 과학 내용을 관람객에게 쉽고 재미있게 전달해야 하므로 평면적 전시와 전시물의 나열에서 벗어나 입체적이고, 관람객의 공감각을 자극할 수 있도록 매체를 활용하여야

[그림 4] 에드가 데일의 체험의 원뿔구조(Cone of Experience)

한다. 감각적 요소의 자극에 있어서 에드가 데일(Edgar Dale)은 다양한 직접적·간접적 체험의 중요성을 다음과 같이 규정하였다.

맨 아래에 있는 직접적인 목적을 가진 체험(Direct Purposeful Experience)이 원뿔 구조의 토대를 구성하고 있으며, 시각적 요소와 영상적 요소가 중간 부분을 이루며, 맨 위에는 시각적 상징과 언어적 상징이 차지한다. 학교는 일반적으로 원뿔의 최상단에 있는 시각적 상징과 언어적 상징에 집중하고, 과학관이나 박물관은 이 구조의 토대가 되는 체험적 학습을 강조한다.

1) 체험형 전시의 개념

체험형 전시는 유리 진열장 뒤에 엄숙하게 모셔져 있는 전시물을 조심스럽게 관람하는 핸즈-오프(Hands-off)방식에서 벗어나 관람객들이 직접 만져 보고, 조작해 보거나 청각, 후각, 미각 등 오감을 활용하여 전시 주제와 내용, 전시물에 대한 이야기를 이해해가는 적극적인 관람을 유도하는 기법이다. 어린이의 경우는 즐거운 놀이를 통해 자연스럽게 습득되는 체험은 왜 여기에 와서 관람하고 있는지, 보고, 만지고 있는 전시물의 의미가 무엇인지 알 수 있는 능동적인 학습태도를 형성할 수 있도록 한다. 체험형 전시는 존 듀이의 이론처럼 체험 중일 때뿐만 아니라 체험 후에도 학습에 대한 긍정적인 경험을 형성한다.

〈표 14〉 체험형 전시 유형분류

<table>
<tr><th>구분</th><th colspan="2">연출종류</th><th>전시방법</th></tr>
<tr><td rowspan="7">직접 체험 전시</td><td colspan="2">조작식(Hands-on) 전시</td><td>눈으로 보는 전시가 아닌 오감을 활용하는 전시품을 통해 직접적인 체험을 경험</td></tr>
<tr><td colspan="2">상호작용식(Interactive) 전시</td><td>관람자의 능동적인 반응과 행동을 유발하여 전시품에 대한 반응과 결과를 통해 지식과 원리를 탐색</td></tr>
<tr><td colspan="2">참여식(Participatory) 전시</td><td>관람객의 참여를 통해 전시를 이끌어가는 방법으로 관람객의 대답을 유도하며 진행</td></tr>
<tr><td colspan="2">시연식(Performance) 전시</td><td>관람객의 신체를 이용한 직접적인 행위를 통한 정보전달을 꾀하는 방법이며 공예, 공방 등의 체험학습으로 많이 활용</td></tr>
<tr><td colspan="2">실험식(Actual Experience) 전시</td><td>실험을 통한 원리를 체득하는 방법으로 주로 과학관이나 이벤트에서 많이 이용</td></tr>
<tr><td colspan="2">놀이식(Entertaining) 전시</td><td>게임, 퀴즈, 놀이 등을 통해 즐거움을 제공함으로 자연스러운 학습동기를 부여</td></tr>
<tr><td colspan="2">현장 체감형 전시</td><td>현재는 존재하지 않거나 가기 힘든 곳의 현장을 재현하여 그곳에 직접 가 있는 듯한 분위기를 느껴보는 방법. 영화 세트장 등의 재현</td></tr>
<tr><td rowspan="5">간접 체험 전시</td><td rowspan="3">영상 전시</td><td>정지영상전시</td><td>사진이나 그림자료 등을 이용한 보조적인 설명을 꾀하는 전시방법, 주로 슬라이드 영상이나 컴퓨터를 이용하여 전시</td></tr>
<tr><td>동적영상전시</td><td>전시물의 설명이나 주제 전달을 위한 보조적인 영상물 또는 주제를 내용으로 영화처럼 만들어 관람하는 전시영상 프로젝터, TV 영상 모니터 등</td></tr>
<tr><td>특수영상전시</td><td>3D, 4D 입체영상, 몰입형 대형영상, 시뮬레이션 영상 등 대형영상이나 오감체험 시스템, 좌석이나 공간의 움직임 부여 등의 방법을 통해 박진감 넘치는 영상을 구현하는 방법</td></tr>
<tr><td colspan="2">모형, 디오라마 전시</td><td>현재에 없거나 가기 어려운 곳의 현장 또는 상황을 설명적으로 전시하는 방법, 주로 축소형 디오라마 모형으로 연출
전시물만으로 설명이 곤란한 경우 쓰임새 등을 설명하기 위한 인물모형 등을 등장시켜 이해하기 쉽게 연출하는 방법</td></tr>
<tr><td colspan="2">특수 연출 전시</td><td>영상과 모형, 움직임, 변화 등 다양한 전시매체의 복합적인 연출 방법으로서 매직비전, 델비전, 3D 입체 전시물 등의 다양한 방법이 있음. 조명의 변화, 전시물의 움직임 등을 이용하여 보조적인 설명을 하는 방법들도 쓰임</td></tr>
</table>

현재 체험형 전시에는 직접 체험 전시와 간접 체험 전시로 나누며 다음과 같은 것들이 있다.[47] 직접 체험 전시는 신체의 일부를 직접 사용하여 참여하는 전시이고, 간접 체험 전시는 전시매체를 통한 전시이다.

2) 전시매체의 종류

앞에서 살펴본 체험형 전시의 유형에 따른 다양한 전시 매체가 있는데 전시 매체는 전시물을 가장 효과적으로 알리기 위해 등장하였다. 즉, 전시 내용을 표현하는 구체적인 전시물을 말하며, 그 유형으로는 실물・복제품・모형・디오라마 등의 입체적 전시 매체와 텍스트 패널・그래픽 패널・사진・기록화 등 평면적 전시매체, 영상・전광판 등 특수한 기법을 사용하는 종합적 전시매체 등이 있다.[48]

〈표 15〉 **체험형 전시 매체**

<table>
<tr><th>구분</th><th colspan="3">내용</th></tr>
<tr><td rowspan="7">입체적
전시매체</td><td rowspan="2">실물</td><td>표본</td><td rowspan="2">당시의 시대상과 사실을 입증하는 자료로서 보존</td></tr>
<tr><td>현물</td></tr>
<tr><td rowspan="2">복제품</td><td>원형복원</td><td rowspan="2">유물보존을 위해 해당 유물을 전시하지 못할 경우와 전시 내용 구성상 물량감 있는 전시를 구사할 때, 관람객이 직접 유물을 접할 수 있는 노출 진열을 할 경우 제작</td></tr>
<tr><td>고증복원</td></tr>
<tr><td rowspan="2">모형</td><td colspan="2">실물은 현존하나 희귀성, 무게, 크기 등으로 인해 전시가 불가능한 경우와 실물은 현존하지 않으나 문헌기록과 유물의 편리 등을 통해 상상 복원모형이 가능한 경우</td></tr>
<tr><td>작동모형</td><td>직접 조작하며 모형을 관람할 수 있는 방법</td></tr>
<tr><td>디오라마</td><td colspan="2">보여주고자 하는 주체를 시간적・공간적으로 집약시켜 입체감과 현장감을 극대화시키는 전시기법</td></tr>
</table>

47 지환수, 「민간신앙을 주제로 한 박물관 전시계획에 관한 연구」, 서울시립대학교, 석사학위논문, 2002, p.30.

48 송현미, 「첨단과학기술 전시를 위한 전시구성체계 및 연출방법에 관한 연구: 첨단과학분야의 체험전시를 중심으로」, 홍익대학교, 석사학위논문, 2005, 17~21쪽.

〈표 15〉 체험형 전시 매체

<table>
<tr><th>구분</th><th colspan="3">내용</th></tr>
<tr><td rowspan="2"></td><td>쇼케이스
(Showcase)</td><td colspan="2">건축 구조로부터 독립되어 제작된 진열장에 의한 전시로 유리케이스를 이용하여 전시물을 안에 놓거나 거는 것으로 전시물의 보호가 주목적, 전시 대상은 주로 보존의 상태가 중요한 전시물이나 현물 등이고 입체물은 보조 매체의 복합으로 효과를 가짐</td></tr>
<tr><td>스텐드
(Stand)</td><td colspan="2">전시물을 노출한 채 전시할 수 있는 기본 형식으로 전시 케이스를 필요로 하지 않는 경우. 주로 대형 전시물이나 보존성의 요구가 크지 않은 입체물, 현물 모형 등이 그 대상</td></tr>
<tr><td rowspan="7">평면적
전시매체</td><td rowspan="2">설명판</td><td>그래픽 패널</td><td rowspan="2">관람객의 시각을 통해서 전시물의 이해를 돕기 위한 평면매체</td></tr>
<tr><td>작동 패널</td></tr>
<tr><td rowspan="5">사진</td><td>일반 사진</td><td>사실성이 강하게 나타나 전달매체로는 매우 효과가 있으며 손쉽게 제작할 수 있는 것이 장점</td></tr>
<tr><td>Wide Screen</td><td>일종의 대형 슬라이드 필름으로서 배면에서 조명을 비추어 영상을 나타내는 사진</td></tr>
<tr><td>NECO
(New Enlarging
Color Operation)</td><td>색의 농도가 다르게 되는 것을 보완하여 컴퓨터 시스템에 의해 스프레이 방식으로 만들어지는 사진</td></tr>
<tr><td>Croma Color</td><td>컴퓨터 시스템으로 사진 제판을 하며, 특수한 크로마린 토너와 독특한 라미네이팅 필름을 사용하는 특수 전시 기법 사진</td></tr>
<tr><td>Space Photo</td><td>일반 사진의 인화 기법과 같으나 인화 대상 소재가 작물, 비닐 등 다양하기 때문에 배면 처리 사진으로 적당</td></tr>
<tr><td>기록화</td><td colspan="3">역사적 사실이나 상황이 그림이나 사진 등 실증적 자료의 부족으로 전시가 어렵거나, 상황 등을 종합적으로 보여 주고자할 때 그림으로 표현하는 평면 매체</td></tr>
<tr><td rowspan="4">영상음향
미디어
(Audio/
Video)</td><td>슬라이드
프로젝터</td><td colspan="2">슬라이드 프로젝터는 교육 브리핑으로 유용하게 사용되어온 시스템. 소프트웨어인 35mm 필름은 일반 카메라를 사용하여 쉽게 얻을 수 있기 때문에 자료 수집이나 관리가 용이</td></tr>
<tr><td>멀티비전</td><td colspan="2">일반 TV와 같이 브라운 관을 사용하는 영상시스템. 다른 내용의 영상을 나타내거나 한 가지 내용을 연결된 영상으로 확대하여 내용에 따라 다양한 연출 구성</td></tr>
<tr><td>멀티큐브
시스템</td><td colspan="2">멀티비전이 가지고 있는 단점을 보완하여 모니터 사이의 넓은 간격을 최소화시켜 넓은 화면이 평면에 가깝게 구성</td></tr>
<tr><td>비디오모니
터시스템
(다중선택
화면)</td><td colspan="2">가장 기본적인 영상 음향 시스템으로 DVD Player을 사용하여 모니터에 화면과 음향송출을 하여 전시 내용을 관람자가 쉽게 이해할 수 있도록 구성된 시스템</td></tr>
</table>

구분		내용
영상음향 미디어 (Audio/ Video)	PDP SYSTEM	일명 벽걸이 TV로 불리는 PDP는 두께가 약 90mm로 얇아 일반 CRT 모니터가 설치되기 어려운 공간에 부착
	Multi LCD Monitor	15.1인치 LCD Monitor를 사용하여 대화면의 영상을 구성하는 시스템
	피플비전	확대된 사람의 얼굴 모형 판위에 영상을 투영하여 디스플레이 하는 시스템
	Grand Mirage	반사거울과 렌즈를 통하여 실물을 만지지 않더라도 허공에 띄운 영상을 통해 실물의 느낌을 주도록 한 시스템
	써클비전 (Circle Vision)	원형의 스크린을 설치하여 일정 각도로 등분된 곳에 영사기를 여러 대 설치하여 연결된 파노라마 영상을 보는 듯한 느낌을 주는 시스템
	D-Vision	매직비전을 응용한 시스템으로 4면에서 동일한 허상을 볼 수 있도록 한 시스템
	Hi-Vision	기존 영상의 화면 비율인 4:3보다 확장된 16:9의 화면 비율을 갖춘 고선명 고화질의 시스템
	멀티슬라이드시스템	슬라이드 프로젝터는 여러 종류 크기의 필름을 투사하는 시스템
	Del Vision System	검정색의 반사경을 굴곡된 거울을 사용하여 전면에 모니터를 설치하여 영상을 재생하게 되면 반사경에는 모니터의 영상이 떠오르며 이 영상은 마치 허공에 떠있는 착각을 들게 하는 시스템
	Magic Vision System	Half Mirror와 축소 모형 조명 영상이 동일 시간대에 연출이 이루어지도록 한 시스템
	입체 영상관	인간의 눈에 의한 시각차를 이용한 시스템으로 두 대의 프로젝터를 일정한 각도로 유지하고 편광필름을 프로젝터의 렌즈부분에 설치한 후 편광 현미경을 착용하면 3D 이미지의 영상을 관람
	빔 프로젝터 영상관 시스템	빔 프로젝터를 이용하여 전면 대형스크린(300도 이상)에 화상을 보여주는 시스템
	필름 프로젝터 영상관 시스템	35mm 또는 70mm 필름을 이용하여 대형의 화면을 투사하는 시스템
컴퓨터 등 복합 미디어	컴퓨터용 터치 스크린	컴퓨터 모니터를 통해 검색
	HMD System (VR 전용)	워크 스테이션의 빠른 렌더링 속도를 이용하여 3차원의 이미지를 관람

구분	내용	
컴퓨터 등 복합 미디어	전자 영상관 시스템	대형 돔 스크린에 7개의 분할된 화면을 투사하여 1개의 화면으로 디스플레이 하는 시스템
	시뮬레이션 시스템	2축 또는 6축의 실린더를 사용하여 실물의 움직임을 일정한 가공간에서 이루어지도록 한 시스템
	컴퓨터용 입체 시스템	1개의 모니터에 서로 다른 화면을 겹쳐 내보내고 전면의 관람자는 특수 안경을 착용하고 관람
	인터넷 가든	인터넷 접속으로 로봇을 제어가능하도록 한 시스템
	만델라 게임 시스템	크로마키 시스템을 통해 분리된 관람자의 영상과 미리 준비된 CG 또는 비디오 영상을 배경 화면으로 하여 일반 스크린에 투사하므로 관람자는 우주, 바다 속 등 배경화면에 따라 다른 영상을 보며 게임을 진행
	퀴즈 영상 시스템	터치 스크린을 장착한 컴퓨터에 일정 수량의 문제를 입력하고 각각의 난이도에 따른 문제를 해결하면 상단의 디지털 카메라는 스틸 이미지를 취하여 전면의 모니터에 관람자의 모습이 나타남
	전광판 시스템	각색의 발광 다이오드를 일정 간격으로 심어 문자 또는 그림을 표현하는 디스플레이 시스템
	VR GAME Machine System	개인용 HMD를 사용하여 근거리에서도 대형의 화면을 보는 느낌으로 게임화면으로만 몰입할 수 있어 관람자의 흥미를 유발
	비전 스테이션	극도의 몰입감과 현실감을 느낄 수 이는 3D 기반의 개인용 소형돔
	슬라이딩 비전	정지된 사진이나 모형 위에 PDP로 구성된 DOOR 형태의 스크린이 지나감으로써 정지영상에서 표현하지 못했던 구체적인 설명이나 시나리오 전개 혹은 투시도 등을 자유롭게 표현
	VR2000 (Virtual Sets) 3차원가상 스튜디오	역사의 한 현장을 배경으로 처리하여 관람객이 합성되어 나타나게 하는 것으로 체험의 장으로 효과적
기타	폴라비전 (Sign)	인체 절개모형을 필름에 인쇄한 후 뒷면에 편광필터를 장착하여 회전시키면 인체 혈관의 혈류 흐름 등을 쉽게 표현(물의 흐름, 혈류의 흐름 등)
	사이버 멀티 터치관	역사 현장을 배경으로 하여 등장인물을 3D로 표현하여 캐릭터와 대화 할 수 있도록 표현(음성인식기술, 멀티터치 응용)
	TRI VISION System(Sign)	다수의 삼각기둥을 설치하여 각 면에는 여러 개의 분할된 이미지 컷을 장착하여 3면이 회전할 때마다 각각의 화면이 보여짐
	지향성스피커시스템 (음향시스템)	관람 동선에 시설된 음향이 많을 경우 혼음으로 인해 정확한 음향 전달이 어려운 경우 시설할 수 있는 시스템으로 조용하고 편안한 분위기의 장소에 설치되어 스피커 아래에 있는 몇 사람만 선명한 소리를 청취할 수 있는 시스템

3) 테마파크형 어린이 과학관의 연출방식

본 책에서는 어린이 과학관에 테마파크적 요소를 도입하기 위하여 조셉 파인 2세와 제임스 길모어의 고객체험의 4요소를 적용한 기본 틀을 [그림 5]와 같이 제시한다. 교육 체험의 내용에 해당하는 과학관의 주제에 따른 연출방식은 나머지 세 연출방식의 기본이 되는 것으로 주제에 따라 체험·공간환경·운영서비스가 연출됨을 의미한다.

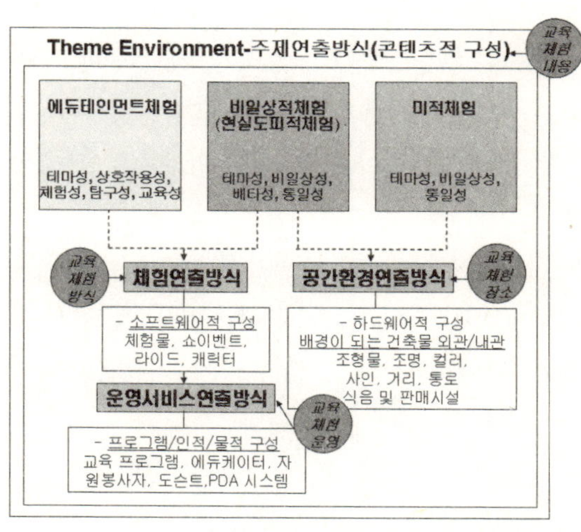

[그림 5] 어린이 과학관의 테마파크적 도입의 틀

(1) 스토리텔링 적용에 따른 주제연출방식

① 테마파크의 스토리텔링

테마파크의 가장 중요한 특징은 '테마성'이다. 박물관이나 과학관에서도 테마 즉, 전시 주제는 전달하고자 하는 주된 메시지와 전시의 목표가 담겨 있는 것으로 핵심적인 특징이다. 전시 주제는 어린이 과학관의 전시 내용체계를 구성하는 기본 개념으로서 아래 제시하는 3가지 방식인 전시체험연출, 전시공간연출, 그리고 운영서비스연출에까지 전시 전체를 이

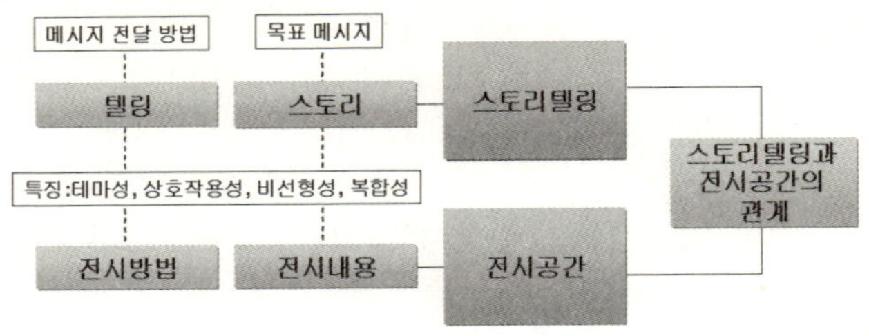

[그림 6] 스토리텔링과 전시공간의 관계

끌어가는 중심 역할을 한다. 결국 전시 주제를 통하여 관람자와 어떻게 소통하느냐 하는 것이므로 전시 주제를 표현하는데 있어서 스토리텔링이 적용된 전시 시나리오가 필요하다. 스토리텔링을 적용한 전시 연출은 전달하고자 하는 정보를 보다 풍부하고 흥미롭게 표현해 줄 수 있으므로 특히 과학과 같이 일반인들이나 어린이들이 어렵다고 생각하는 분야일수록 더 필요하다.

스토리텔링은 스토리(Story)와 텔링(telling)으로 구분되는데 전시 공간에서 스토리는 전시 공간의 목표이자 전달 메시지인 전시 내용에, 텔링은 전체 주제와 내용을 전달하는 방법이므로 전시 연출 방법에 비교할 수 있다.

[그림 7]은 도쿄 디즈니씨의 주제연출방식을 도식화한 것이다. 도쿄 디즈니씨는 '바다에 얽힌 신화와 전설'이라는 대주제 하에 메디테러니안 하버(Mediterranean Harbor), 아메리칸 워터프론트(American Waterfront), 포트 디스커버리(Port Discovery), 로스트리버 델타(LostRiver Delta), 머메이드 라군(Mermaid Lagoon), 아라비안 코스트 (Arabian Coast), 미스테리어스 아일랜드(Mysterious Island)[49] 등 7개의 서로 연결되지 않고 관련성이 없는 독립적인 하위 주제로 구성되는데 물과 관련된 장소인 하버, 워터프론트, 포트, 델타, 라군, 코스트, 아일랜드에 동화, 소설, 영화, 애니메이션, 역사적 사실 등의 원형 스토리에서 모티프를 차용하여 환타

49 하버(Harbor): 항구, 워터프론트(Waterfront): 부두, 포트(Port): 항구도시, 델타(Delta): 삼각주, 라군(Lagoon): 석호, 코스트(Coast): 연안

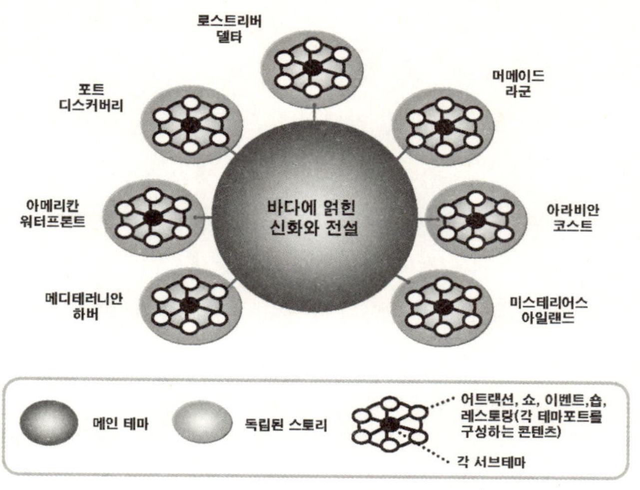

[그림 7] 도쿄 디즈니씨의 전시 스토리

지 세상을 만들었다. 내부 어트랙션과 콘텐츠들은 하나의 주제 안에서 유기적으로 전개된다.

유니버설 스튜디오 또한 '영화 체험'이라는 메인 테마 하에 헐리우드, 뉴욕, 샌프란시스코, 쥬라기 공원, 스누피 스튜디오, 라군, 워터월드, 애머티 빌리지, 랜드 오브 오즈 등 9개의 서브 테마로 구성되어 있다. 할리우드는 할리우드 거리와 로데오 거리를 재현하여 ET어드벤처와 슈렉4D 등을 체험할 수 있고, 뉴욕은 스파이더맨의 활약상을, 샌프란시스코에서는 백 투더 퓨처를, 쥬라기 공원에서는 영화 쥬라기 공원을 그대로 느낄 수 있도록 하였으며, 스누피 스튜디오에서는 영화가 만들어지는 스튜디오를 체험할 수 있도록 하였고, 라군에서는 다양한 퍼포먼스가, 애머티 빌리지는 영화 '조스'의 시골 어촌을 재현하였다. 그리고 랜드 오브 오즈는 영화 '오즈의 마법사'를 소재로 한 '매지컬 오즈 고 라운드'라는 이름의 회전목마와 '위키드'라는 제목의 뮤지컬을 공연한다.

두 테마파크에서 주제연출의 구조를 살펴보면 메인 테마(대주제)>서브 테마(소주제)>콘텐츠와 어트랙션으로 구성되어 있음을 알 수 있다. 결국, 서브 테마는 테마파크 대주제의 흐름을 보여주는 것이고, 그것은 조닝 (Zoning), 즉 주제 영역으로 구분된다. 도쿄 디즈니씨의 '바다에 얽힌 신화와 전설'은 7개의 테마포트로, 유니버설 스튜디오는 9개로 주제 영역이 구분되어 있다.

테마파크의 스토리텔링은 동화, 영화, 소설, 애니메이션, 게임 등의 킬러 콘텐츠(Killer Contents)나 개인 또는 또래집단의 욕망인 킬러 디자이어(Killer Desire)에서 원천소스나 모티프를 뽑아내고, 테마와 컨셉을 설정하고, 그것을 뒷받침하는 각각의 주제를 구성하여 테마파크 전체가 연관성이 있도록 구성한다. 즉, 주제 중심의 스토리텔링을 전개한다.

이야기가 공간에 심어진 테마파크는 관람객을 정적인 존재, 3인칭 시점에서 단순히 바라보는 존재가 아닌 동적인 존재, 1인칭 시점으로 이야기 속에 들어가서 주인공이 되게 한다.

과학관의 전시 공간은 전시 내용인 과학관련 정보의 체계화, 정보 전달 방법인 전시 연출의 계획화, 그리고 전시 주제별 공간화로 구성된다. 따라서 본 책에서는 앞에서 살펴본 테마파크의 스토리텔링방식을 어린이 과학관의 주제연출에 적용하기 위한 방법을 제시한다.

② 어린이 과학관 전시 주제의 조건

어린이 과학관은 타 박물관 전시와 같이 전시물이 전달하는 메시지를 관람자가 관람이라는 단일하고 수동적인 행태로 얻는 방법이 아닌 직접 만져보고, 조작하는 능동적인 행태로 메시지를 전달받는 것이 중요하다. 그러므로, 전달하고자 하는 주요 메시지를 분명히 하고, 거기에 따른 소주제를 갖추며, 소주제에 따른 전시물・체험물과의 상호작용적인 관계를 형성할 수 있도록 전시 체계를 어떻게 구성하느냐가 중요하다. 왜냐하면, 주제와 전시체험물의 연결구조에 따라 관람자가 전시주제와 전시물을 이해하는 정도와 교육적 효과, 그리고 재방문 여부가 결정될 수 있기 때문이다.

그렇다면 교육 테마파크로서 어린이 과학관에 적합한 전시 주제의 조건은 무엇인지 살펴보면 다음과 같다.

- ○ 주관람자가 어린이인 만큼 너무 교육적이거나 정보 전달 위주의 내용에서 탈피하여, 엔터테인먼트성을 첨가하여 호기심 많은 관람자들을 전시에 유도하는 적극적 전시 주제가 필요
- ○ 어린이가 좋아하는 애니메이션이나 동화인 킬러 콘텐츠에서 원천소스나 모티프를 뽑아 과학과 접목하여 낯설지 않게 하며, 그 연출에 있어서는 어린이들의 욕망을 실현할 수 있는 주제를 선정
- ○ 대상이 어리므로 과학 지식의 전달과 함께 문화적인 면을 함께 고려한 주제
- ○ 어린이의 성장 발달과 놀이 특성을 반영한 주제
- ○ 특별한 주제를 정함으로써 전시의 성격이나 시설의 특징을 간단히 표현할 수 있는 주제
- ○ 핵심 전시 테마는 하나, 그 이상의 중주제나 소주제를 가질 수 있는 주제
- ○ 여러 전시체험물들이 하나의 주제를 위해 연결될 수 있는 주제
- ○ 전시 매체를 반영할 수 있는 스토리나 주제 설정
- ○ 명확한 컨셉 설정과 이를 보는 관람객이 그 사물들과 주제와의 관련성을 인식할 수 있는 주제
- ○ 모험, 탐구, 발견, 창조, 호기심 등의 개념을 포괄하는 주제

③ 어린이 과학관에 스토리텔링 적용하기

스토리텔링은 기본적으로 이성보다는 감성을 자극한다. 스토리텔링의 이러한 성격을 전시에 적용하면 일반 나열식 전시보다 현실성과 사실성을 가져다준다. 예를 들어 과학자의 일대기나 과학이론, 과학원리와 같은 소재를 전달할 때 스토리텔링의 기법을 쓰게 되면 전시물을 관람하거나 단순히 체험물을 만지는 것과 같이 현재에서 과거를 들여다보는 것에서

탈피하여 마치 타임머신을 타고 과거나 미래세계를 경험하는 듯한 효과를 가져 오기 때문이다. 앞서 소개한 테마파크의 스토리텔링에서 볼 수 있듯이 영화나 만화를 단순히 바라보는 것이 아니라 그 속에 나왔던 캐릭터들 과 함께 어울리고, 즐기면서 환상이 현실이 되는 경험을 하게 된다. 이러 한 현실성의 부여는 전시 환경을 과거 · 미래 · 환상 · 미지의 세계로 보다 충실히 연출하여 어린이에게 적극적인 참여와 몰입을 유도한다.

어린이는 스토리텔링의 전시를 통하여 자신의 생각을 재구성한다. 과학과 관련된 소재는 타인의 스토리라고 할 수 있는데 스토리텔링을 통해 어린이는 타인의 스토리를 중심으로 자신의 스토리를 만들어가면서 개인의 능력을 증진시키기 때문이다.

어린이 과학관에서 스토리텔링은 조닝과 동선으로 표현된다. 중심 주제를 뒷받침하는 하위주제들, 하위주제들 속의 스토리는 특정한 공간으로 조닝된다. 조닝은 스토리에 맞는 환경연출과 체험연출로 구성되며 동선 역시 그것에 맞춰서 설정된다. 동선은 지정 관람 동선(강제 동선), 독립 관람 동선(자유 동선), 혼합 관람 동선(강제, 자유 동선의 혼합)으로 나눌 수 있는데 지정 관람 동선은 시간의 순서에 따라 연결된 스토리를 지닌 유형으로 앞의 스토리가 뒤의 스토리에 필연성을 부가하는 순차적인 구조를 띠는 것이다. 지정된 동선의 경로를 따를 때만이 전시 내용을 올바로 이해하게 된다. 지정 관람 동선의 다른 동선을 선택할 여지가 없기 때문에 모든 사람들이 같은 경험을 하게 된다는 점에서 테마파크의 동선과는 관련성이 떨어진다. 독립 관람 동선은 관람자가 중심 주제 스토리를 중심으로 하위 주제 스토리들의 관람할 때 그 순서가 정해져 있지도 않아서 자유롭게 관람할 수 있다. 단, 전시 내용을 올바로 전달받을 수 없고, 특정한 전시에만 편중되는 단점이 있다. 이 동선이 일반적인 테마파크의 동선이라고 할 수 있다. 혼합 관람 동선은 순차적 구조와 계층적 구조의 동선을 섞은 형태로 일정 정도까지는 지정 관람 동선으로 되어 있다가 그 다음부터는 독립 관람 동선으로 구성되는 경우가 있고, 가이드

[그림 8] 지정 관람 동선과 독립 관람 동선

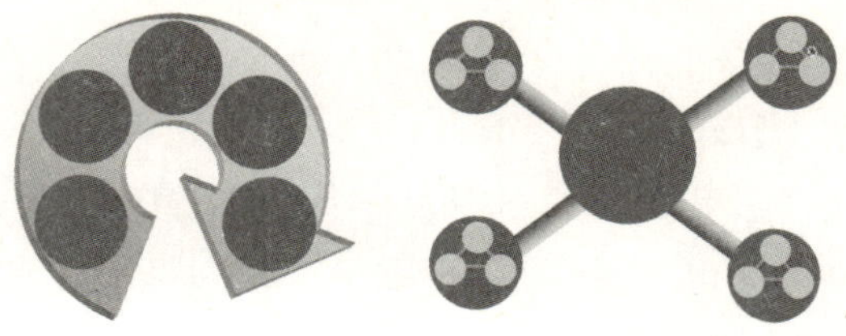

를 따라 지정 관람을 하다가 한 영역 내에서 독립 관람을 하는 경우도 있다.

초등학교 고학년을 대상으로 하고 첨단과학을 소재로 하는 LG 사이언스 홀의 경우 관람자들은 가이드를 따라 특정한 조닝 내에서 순차적으로 지정 관람을 하다가 설명을 들은 후 자유롭게 관람하는 혼합 관람 동선으로 연출되는 반면, 유아 및 미취학 어린이를 대상으로 하고 기초과학원리를 통한 다양한 능력을 배양하는 것을 목표로 하는 국립과천과학관 내 어린이탐구과학관이나 삼성어린이박물관 내 과학코너는 독립 관람 동선으로 연출된다. 따라서 관람 대상과 소재에 따라 적합한 스토리텔링을 적용하여야함을 알 수 있다.

(2) 놀이와 교육적 요소 도입에 따른 체험연출방식

어린이는 앞에서 밝힌 대로 발달단계에 따라 다양한 행동 특성을 보이고, 관람에 있어서도 각자 다른 관심과 흥미를 보인다. 그러므로 어린이과학관은 어린이 발달단계와 놀이 행태에 따라 즐거움을 유발할 수 있는 놀이가 병행되는 체험연출을 통해 놀이 속에 교육이 숨어 있는 형태로 이루어져야한다. 자발적으로 참여 가능하고, 호기심을 충족시키는 놀이체험 아이템이 필요하며, 시각 · 청각 · 촉각 · 후각 · 미각 등 다양한 감각을 이용한 체험 놀이 연출이 필요하다.

1980년 시카고 박물관은 국립과학재단의 원조를 받아 어린이를 위한 이해력이 있는 전시 개발에 대한 연구를 하여 어린이 전시 디자인의 기준

및 목적에 대한 틀을 마련하였는데 그 내용은 다음과 같다.[50]

○ 문제와 해답의 전시

전시는 문제를 적당한 위치에 배치하여 문제를 발견하거나 설정할 기회를 제공해야 하며 어린이들이 적극적인 참여를 통하여 해답을 찾을 수 있도록 해야 한다.

○ 물리적 관계가 있는 전시

전시는 물리적으로 어린이가 흥미로운 점이나 효과를 창출할 수 있도록 관계를 맺어야 한다.

○ 행동 관찰의 전시

전시는 어린이들이 그들의 행동의 결과를 명확하고 즉각적으로 관찰할 수 있어야 한다.

○ 다양한 행동의 전시

전시는 어린이들이 다양하게 행동할 수 있도록 격려해야 한다. 또한 다른 효과를 창출할 수 있도록 방법에 따른 변화가 가능한 요소를 갖추어야 한다.

앞에서 어린이 전시는 놀이와 체험이 위주가 되어야 한다고 했는데 그 방법은 다음과 같다.

---

50 정선영, 「어린이 박물관의 공간 디자인 특성에 대한 연구」, 연세대학교, 석사학위논문, 2002, 50쪽.

〈표 16〉어린이 관찰 · 참가 · 체험을 위한 다양한 접근 및 감각 자극

<table>
<tr><th>체험 유형</th><th>접근 방법</th><th>전시 콘텐츠</th><th>감각 체험</th></tr>
<tr><td rowspan="10">Hands-on</td><td>서랍 속 검색</td><td>· 식물 관찰
· 과학 장비 관찰</td><td>시각</td></tr>
<tr><td>손으로 헤아림</td><td>· 플라즈마 체험
· 테이블 체험</td><td rowspan="4">촉각</td></tr>
<tr><td>직접 조작</td><td>· 비눗방울
· 펌프
· 도르래
· 거품 생성
· 블럭쌓기
· 퍼즐놀이
· 톱니바퀴
· 구슬놀이
· 만화경</td></tr>
<tr><td>손을 넣어 확인</td><td>· 상자 속 사물 만지기</td></tr>
<tr><td>만져보기</td><td>· 모래놀이</td></tr>
<tr><td>들어보기</td><td>· 사물 간의 무게</td><td>청각</td></tr>
<tr><td>눌러보기</td><td>· 푸쉬 버튼
· 터치 스크린</td><td rowspan="3">촉각+시각</td></tr>
<tr><td>당겨보기</td><td>· 끈 당기기(스크린)
· 공 띄우기</td></tr>
<tr><td>손에 놓고 비교하기</td><td>· 형태
· 질감</td></tr>
<tr><td>두드리기</td><td>· 발 피아노</td><td>청각+촉각</td></tr>
<tr><td rowspan="10">관찰 기법</td><td>들여다보는 관찰</td><td>· 신체(모형) 들여다보기</td><td rowspan="7">시각</td></tr>
<tr><td>근접 관찰</td><td>· 식물 관찰
· 곤충 관찰
· 동물 관찰</td></tr>
<tr><td>망원 관찰</td><td>· 별 관찰</td></tr>
<tr><td>사다리에 올라 관찰</td><td>· 비행기나 우주선 내부</td></tr>
<tr><td>열어서 관찰</td><td>· 식물 도감</td></tr>
<tr><td>거꾸로 관찰</td><td>· 카메라 원리</td></tr>
<tr><td>군중 속의 관찰</td><td>· 로봇 쇼</td></tr>
<tr><td>가까운 관찰과 조작</td><td>· 세포 모형 관찰 조작</td><td rowspan="3">촉각+시각</td></tr>
<tr><td>접촉 상태의 관찰</td><td>· 지열 체험</td></tr>
<tr><td>오르며 관찰</td><td>· 피부층 암벽타기
· 큐빅 타기</td></tr>
</table>

체험 유형	접근 방법	전시 콘텐츠	감각 체험
체험 기법	소리 내어 체험	·소리 진동 ·소리 전달	청각
	듣고 생각하는 체험	·비행기 소리 ·우주선 소리 ·물 소리 ·바람 소리 ·새 소리 ·임산부 체내 소리 ·인체의 소리	
	직접 타 보기	·자전거 타기 ·자동차 타기 ·스키 타기 ·라이드(입체영상) ·미끄럼틀 타기 ·미로 터널	시각+촉각+청각
	실험과 확인	·자석 원리 ·나침반 원리 ·화학 물질 생성 실험 ·요리	촉각+시각+청각+후각+미각
	냄새 맡기	·물질 냄새	후각
참여 기법	연극이나 마술 등 공연에 참가	·과학 드라마 ·사이언스 쇼	체감
	역할놀이	·우주인 ·조종사 ·과학자	체감
	퀴즈, 게임에 참여	·Q&A나 O, X 퀴즈 ·컴퓨터 게임 ·집단 게임 ·탐정 게임 ·추리 게임	

출처: 「Museum&Amusement Parks」, Display Design In Japan, 62쪽, 편집

[그림 9] 어린이 관찰 · 참가 · 체험을 위한 다양한 접근

(3) 미적 요소 도입에 따른 공간환경연출방식

어린이 과학관과 같은 공간에서의 스토리텔링은 평면적인 스토리가 조닝과 동선의 입체적인 스토리로 전환된다는 점에서 이미지텔링(Imagetelling)이라고 할 수 있다. 이미지텔링은 스토리의 추상적인 주제와 메시지를 표현하고 동시에 구체적인 상황을 나타내는 것이다. 그런 의미에서 과학관의 물리적 공간을 구성하는 건축물, 조형물, 소품, 색채, 가구 등도 주제를 표현하는 콘텐츠라고 할 수 있다. 따라서 공간환경은 어린이가 과학관을 외부에서 바라볼 때와 진입해서 내부를 바라볼 때 모두, 주제성이 확연히 드러나서 일상과는 다른 특별한 테마 공간에 와 있다는 미적 체험을 할 수 있도록 연출되어야 한다. 미적 체험은 환상적

이고, 경이롭고, 어디선가 본 것 같은 친근함을 줄 수 있어야 한다. 동시에 어린이를 대상으로 함으로 어린이 지향적이며 유희적 공간으로 디자인되어야 한다.

어린이 과학관에 테마파크의 미적 요소를 도입하는 것은 어린이들이 과학관에 들어왔을 때 어떻게 비일상성, 배타성, 통일성을 가지게 할 것이며, 주제와 관련없는 것을 어떻게 제거할 것인가하는 점에서 다른 요소의 기능적 성격보다는 창의적 성격을 띠는 부분이 할 수 있겠다.

과학관의 공간은 그 소재 · 시점 · 대상에 따라 다르게 연출된다. 소재는 일반적인 기초과학원리인 물리, 화학, 생물 등을 다 다루는 경우, 특정한 한 분야만 다루는 경우, 첨단 과학인 우주, IT, 유비쿼터스 등을 다루는 경우, 과학자를 다루는 경우, 과학사를 다루는 경우, 과학과 음악, 미술, 스포츠 등 다른 분야와 결합하는 경우 등이 있다. 시점은 과거, 현재, 미래, 4차원 시점으로 분류할 수 있다. 대상은 유아전기, 유아후기, 초등저학년, 초등고학년으로 나눌 수 있다. 이에 따라 건축물의 색채, 형태, 크기, 재질, 싸인(sign), 높이, 조명, 가구계의 높이, 조형물의 구조를 고려하여 다감각을 자극할 수 있 어야 한다.

○ 색채

어린이 과학관의 색채계획은 어린이들의 원래적인 미의식과 주변 환경을 고려하여 호기심을 유발하면서도 친근함을 줄 수 있도록 해야 한다. 또한 전시공간의 성격이 정적이냐 동적이냐에 따라 색의 선택도 달라져야 한다.

유진(2008)은 어린이의 연령별 선호색을 다음과 같이 소개하였다. 유아 및 미취학 아동들은 노랑, 빨강, 분홍, 보라, 주황, 파랑, 초록을 선호하고, 초등학생은 노랑, 연두, 초록, 파랑, 주황 등을 선호한다고 하였다. 연령이 어릴수록 난색계열을 선호하고, 연령이 높을수록 한색계열을 선호함을 알 수 있다.

미국환경기준(1971)에 의하면 외부놀이시설 · 실내외의 심한 운동활동 영역 · 자극을 요하는 인지활동 영역에는 흥분 · 자극 · 도전 · 열정을 상징하는 빨강색을, 출입구영역에는 환영 · 쾌활 · 생기 · 활력을 상징하는 주황색을, 적극적 활동 영역 · 예술 활동 영역에는 고무적 · 생생함 · 즐거움을 상징하는 노랑색을, 독서 및 식사 영역에는 초록색을, 기타 악센트 효과로 검정, 보라, 회색을 제시하였다.

○ 형태

어린이 과학관의 형태는 자연물과 인공물로 나눌 수 있다. 자연물은 건립 당시에 대지에 있었던 것이나 새롭게 조성한 것을 말하는데 후자의 경우 인위적인 테마성을 표현하기 위하여 재현한 것이다. 인공물은 그 종류가 매우 다양한데 전경, 건축 및 조형물, 가구계, 놀이기구, 관람시설, 전시물 등이 여기에 해당한다.

원형 스토리를 가지는 테마파크의 건축물은 과장되거나 몇 분의 1로 축소되고, 실생활에서 보기 드문 만화적 건축물(Animating Architecture)이다. 만화적 건축물을 적용한 어린이 과학관의 예를 들면, 우주를 소재로 한 오사카 빅뱅은 도심지에 착륙한 거대 우주선의 모습을 띠고 있다. 키즈 프라자 오사카는 어린이들이 즐겨 사용하는 놀이감인 블록 모양을 딴 입방체의 형태를 띠고 있다.

○ 싸인(Sign)

출입구, 동선 유도, 주의 및 안내 등 여러 종류가 있는데 어린이가 대상인 경우 글자보다 픽토그램(pictogram)이나 아이콘화하여 이미지의 의미를 전달하는데 효과적이다.

○ 가구계

어린이의 신체를 고려한 휴먼 스케일을 적용하여야 한다. 전시물이나 체험물의 높이, 각도 등이 어린이의 눈높이와 행동반경에 맞춰져야 한다.

벤치, 휴지통, 스피커, 기타 소품은 어린이 과학관 테마와 관련되게 디자인되어 통일성을 이뤄야 한다.

○ 재질

어린이 과학관의 공간환경은 내용에 따라서 실재감을 줄 수도 있고, 비현실감을 줄 수도 있고, 또 과거의 재현인지 미래의 재현인지에 따라 재질의 선택이 달라져야 한다.

○ 조명

활동적인 영역과 정적인 영역, 전시 중심과 체험 중심, 관람 위주와 실험 위주에 따라 조명이 달라져야 하고, 색재와 마찬가지로 기능에 따른 조명의 선택이 필요하다.

○ 조형물

조형물은 실내 조형물과 실외 조형물로 나눌 수 있는데 캐릭터를 크게 형상화하여 입구에 배치하거나 주제와 관련한 상징물을 입구에 배치하여 호기심과 경이로움을 유발한다.

또한 어린이의 놀이행태에 따른 특성을 반영해야하는데 예를 들면, 미끄럼타기를 좋아하는 대부분의 어린이를 위해 상징적인 구조물을 놀이를 위한 구조물로도 활용할 수 있도록 가변적인 역할을 할 수 있도록 한다. 중앙 광장에 주로 배치되는 분수조형물도 단순한 관람의 역할이 아니라 어린이들이 물놀이를 즐길 수 있는 역할도 수행할 수 있게 한다.

(4) 학습과 편의적 요소 도입에 따른 운영서비스연출

기본적인 체험 전시와 공간환경 외에도 어린이 과학관의 운영 및 서비스와 관련한 부분도 중요하다. 운영 및 서비스는 학습 부분과 편의적 부분으로 나눌 수 있는데 전자는 교육 프로그램과 이벤트, 후자는 PDA,

키오스크, 에듀케이터, 도슨트, 자원봉사자, 직원, 그들의 태도, 복장, RFID시스템 등의 전시지원시스템, 재입장시스템, 안전요원 및 CCTV의 설치, 보건실 등의 안전시스템, 그리고 음식 및 기념품 판매, 휴게 공간 등의 서비스시스템이 여기에 해당한다.

○ 교육 프로그램 및 이벤트

상설 과학관이나 전시물이 계속 바뀌는 과학관에서도 프로그램을 활용해서 전시의 다양성과 깊이를 더할 수 있다. 프로그램은 관람객에게 새로운 체험을 제공하는데 도움이 된다. 즉, 특정한 주제에 대해 보다 폭넓고 깊이있는 학습을 제공하고, 보다 체계적인 방식으로 자원과 도구를 활용하게 한다.

대상에 따라 유치원생의 경우는 간단한 재료로 만들기를 하거나 즐거운 과학실험, 신체 능력개발을 위한 놀이 워크숍을 진행할 수 있다. 초등학생의 경우는 유치원생보다 집중적으로 놀이를 하고 새로운 기술을 배우며, 큰 과제를 함께 해결할 수 있으므로 특별한 주제를 정해서 1일 워크숍이나 방과 후 강좌를 여는 방법이 있다. 과학캠프를 하거나 학교와 연계하여 소규모 과학 박람회를 열 수 있다. 가족과 어린이가 함께하는 경우는 부모가 어린이를 상대하는 기술을 가르치고, 가족이 함께 모이는 기회를 마련하는 차원에서 마련된다.

시간에 따라 정기적인 교육 프로그램과 비정기적인 교육 프로그램으로 나뉜다.

형식에 따라서는 전시안내, 갤러리, 토크, 활동지, 비디오 상영 등의 감상과 강연, 강좌, 세미나, 심포지엄과 같은 이론, 워크숍, 과학실험, 역할놀이, 연극과 같은 표현, 워크숍, 행사, 축제, 공연, 쇼와 같은 이벤트, 기타 레지던스 프로그램으로 분류한다.

그 밖에 순회전시, 학교 대여 서비스, 학교 연계프로그램, 답사 프로그램으로 나눌 수 있다.

○ 전시지원시스템

전시지원시스템은 인적, 물적 자원으로 나눌 수 있는데 인적 자원은 박물관 교사, 에듀케이터, 자원봉사자, 도슨트 등으로 구성되는데 특히 어린이를 대상으로 하는 공간에서의 박물관 교사는 전시를 안내함과 동시에 어린이들의 체험 학습을 돕고, 때에 따라 안전요원의 역할도 수행한다. 에듀케이터는 과학관의 교육과 관련된 연구와 프로그램을 기획하는 역할을 담당한다. 이밖에 자원봉사자와 전시 해설을 주로 담당하는 도슨트로 구성된다.

어린이 과학관에서 인적 자원들은 서로 구분 가능한 복장이나 소품을 착용하여 어린이가 적극적으로 그들을 활용할 수 있도록 유도한다.

물적 자원은 인적 자원을 대신하여 전시를 돕는 PDA, RFID, 키오스크를 말한다. 강제 동선이 아닌 자유 동선에서 많이 활용되며, 자율적이고 자세한 관람을 돕는다. 대상이 너무 어릴 경우는 그것들의 조작이 어려울 수 있으므로 배제하는 것이 좋고, 초등학생 이상의 대상의 경우 무게와 화면크기를 고려하여야 한다. RFID는 입장 시에 개인정보를 등록해서 전시를 체험할 때 자신만의 정보를 확인할 수 있고, 각자가 관람 또는 체험한 것이 무엇인지 확인할 수 있으며, 최종 관람에 대한 이벤트에 참가할 수 있는 흥미성때문에 최근 과학관에서 활발하게 도입하고 있다.

○ 재입장시스템

과학관의 관람이 끝나기 전에 외부로 나가야 할 경우 또는 그날 내로 다시 관람하고자 할 때 다시 입장료를 내지 않도록 하기 위하여 재입장시스템을 도입한다. 대개 손목에 특수물질의 도장을 찍고 재입장시 그것을 인식하여 입장여부를 판단한다.

○ 안전시스템

어린이 과학관은 연령이 낮은 어린이를 대상으로 하기 때문에 각별히 안전에 주의하기 위하여 안전요원을 층별 또는 전시관별로 배치한다. 그리고 부모가 휴게공간에서 자녀의 안전과 위치를 확인하기 위하여 CCTV를 설치한다. 또한 응급상황발생 시를 대비하기 위하여 보건실을 마련한다.

○ 서비스시스템

서비스시스템은 음식과 휴식, 그리고 기념품 판매를 의미한다. 대상이 어리므로 실내외에 식당이나 도시락을 먹을 수 있는 공간이 마련되어야 하고, 어린이나 부모가 휴식을 취할 수 있는 편안한 공간, 기저귀를 갈거나 수유를 할 수 있는 공간이 마련되어야 한다. 그리고 출구에는 기념품을 무료로 나눠주거나 판매하여 방문 후에도 과학관에 대한 기억을 유지시킬 수 있도록 함과 동시에 과학관의 수익 증대를 도모한다.

과학관, 테마파크처럼 둘러보다

여기에서는 앞에서 살펴본 어린이 놀이 이론과 교육 체험, 그리고 어린이 과학관과 테마파크의 관계에서 나타난 특징과 구성요소에 적합한 국내외 과학관 및 박물관 사례를 둘러보기로 한다. 둘러볼 곳을 크게 두 가지로 분류하였다. 첫 번째는 어린이 과학관의 유형에서 제시한 '과학교육을 통한 과학관의 기대효과'를 중심으로 어린이 과학관을 살펴보았고, 두 번째는 테마파크의 특성과 구성, 그리고 스토리텔링 방식을 적용한 박물관을 살펴보았다.

세부 항목을 해당 과학관 및 과학관의 개요, 일반적 특성, 원천소스/모티프, 주제연출 · 체험연출 · 공간환경연출 · 운영서비스연출의 연출방식, 그리고 테마파크적 특성으로 설정하여 <표 17>과 같이 분석한다.

〈표 17〉 분석 표

구분	항목	내용
개요	주제	
	기본이념	
	설립년도	
	위치	
	주 관람 대상자	
	건물구조	
	과학관(박물관)형태	
연출방식	원천소스/모티프	
	주제연출	
	체험연출	
	공간환경연출	
	운영서비스연출	
테마파크적 특성	테마성	
	비일상성	
	배타성	
	통일성	
	상호작용성	
	체험성	
	탐구성	
	교육성	

2가지 유형에 따른 분석 대상은 총 6개로 다음과 같다. 분석 대상의 선정은 '과학교육을 통한 과학관의 기대효과'에 해당하는 4개의 과학관의 경우 국외와 국내로 나누었으며, 키즈 프라자 오사카와 삼성어린이박물관과 같은 독립형 어린이 과학관과 온타리오 과학관 내 키즈파크와 국립과천과학관 내 어린이탐구체험관과 같은 부속형 어린이 과학관으로 나누어 전체적인 특성과 함께 형태에 따라 테마파크적 특성 적용에 차이가 있는지를 살펴보았다. '테마파크적 특성을 적용한 박물관'에 해당하는 2개의 박물관의 경우 과학관에서는 그 형태를 볼 수 없는 테마파크형

박물관의 사례를 분석하여 과학관에 테마파크적 특성을 부여하기 위한 방법을 모색하기 위하여 동경 어린왕자뮤지엄과 신요코하마 라면박물관을 제시하였다. 두 박물관은 테마파크의 테마를 결정하는 킬러 콘텐츠(Killer-Contents)와 킬러 디자이어(Killer-Desire)를 적용한 것이라서 적절하다고 판단하였다.

〈표 18〉 국내외 어린이 과학관 분석사례

<table>
<tr><th>No</th><th>대분류</th><th>중분류</th><th colspan="2">명칭</th><th>위치</th></tr>
<tr><td rowspan="4">1</td><td rowspan="4">과학교육을 통한 과학관의 기대효과</td><td rowspan="4">과학과 다른 분야와의 결합을 통한 통합교육</td><td rowspan="2">국외</td><td>키즈 프라자 오사카</td><td>일본</td></tr>
<tr><td>온타리오 과학관 키즈파크</td><td>캐나다</td></tr>
<tr><td rowspan="2">국내</td><td>삼성어린이박물관</td><td>서울</td></tr>
<tr><td>국립과천과학관 내 어린이탐구체험관</td><td>과천</td></tr>
<tr><td rowspan="2">2</td><td rowspan="2">테마파크적 특징을 적용한 박물관</td><td>킬러 콘텐츠(소설)+환경연출</td><td rowspan="2">국외</td><td>동경 어린왕자뮤지엄</td><td rowspan="2">일본</td></tr>
<tr><td>킬러 디자이어(향수) + 환경연출 + 쇼이벤트</td><td>동경라면박물관</td></tr>
</table>

1. 과학교육을 기대하는 유형 둘러보기: 과학과 다른 분야와의 결합을 통한 통합교육

1) 국외

(1) 키즈 프라자 오사카(Kids Plaza Osaka in Ogimachi Kids Park)

오사카시 오기마치 공원에 위치한 키즈 프라자 오사카는 지적 호기심과 창조성, 타인 및 문화와의 교류와 상호이해, 자연 및 우주의 이해와 공생, 일본 전통문화의 전승 및 창조의 4가지 기본 이념을 바탕으로 운영되고 있다.

키즈 프라자 오사카는 5층의 체험공간인 '직접 해 보자', 4층의 놀이공간인 '함께 놀자, 그리고 3층의 만들기 공간인 '만들어 보자'로 구성되어 어린이들이 좋아하는 놀이를 통해 일상적인 일들에서 신선한 발견이나 놀라움을 느끼도록 해 주기 위한 어린이 과학관이다. 과학원리 중 신체 · 물리 · 자연 · 소리를 중심으로 신체zone, 엑티브zone, 자연zone, 과학zone, 커뮤니케이션zone의 5개 영역으로 배치하였다. 3세에서 7세까지의 어린이를 주 대상으로 하며, 그 연령대 어린이들의 욕망인 미지, 파워, 도전을 모티프로 하여 전시를 구성하였다.

내부 환경연출의 핵심은 어린이 거리라는 조형물인데 본 과학관이 어린이 전용 공간임을 상징함과 동시에 미끄럼틀, 사다리, 다리를 배치하여 놀이터와 같이 즐거운 신체활동을 도모함과 동시에 층간 이동수단의 역할을 한다. 앞에서 언급한 주제연출과 체험전시와 함께 이러한 환경연출은 과학원리를 자연스럽게 이해할 수 있도록 해 줘 교육적 효과를 기대할 수 있다. 외부 구성에 있어서도 어린이들이 좋아하고 즐겨 사용하는 놀이 도구인 입방체 모양의 블록을 메타포로 하여 친근한 환경을 연출함과 동시에 블록 속으로 들어가는 듯한 환상을 제공한다. 따라서 키즈 프라자 오사카는 교육성, 테마성, 비일상성, 통일성을 갖춰 테마파크적 특성을 띠는 과학관이라 할 수 있다. 파인과 길모어의 고객 체험의 4요소 중 교육체험을 중심으로 비일상적 체험, 미적 체험, 엔터테인먼트 체험을 골고루 할 수 있다.

〈표 19〉 키즈 프라자 오사카 분석

구분	항목	내용
개요	소재	과학원리
	주제	Learning by Doing
	기본이념	어린이들이 재미있는 놀이와 체험을 통해 배우고, 독창성을 배양하고, 가능성과 개성을 신장하는 것

구분	항목	내용
	설립년도	1997년
	위치	일본 오사카시 기타구 오기마치 2-1-7
	주관람대상자	3~7세〉초등학생〉0~2세
	건물구조	5층 단독 건물
	과학관형태	독립형
연출 방식	원천소스/ 모티프	· 어린이 욕망(killer desire): 미지, 도전, 파워
	주제연출	· 층별 전시 주제: 직접 해 보자, 함께 놀자, 만들어 보자 5층 직접 해 보자(체험, 얏데미루카이): 일상생활과 관련된 과학 요소들을 전시, 워크숍의 형태로 직접 관찰 · 체험한다. 예) 전기 발생, 곤충의 눈을 통한 경치 바라보기, 임산부의 체내에서 나는 소리 듣기 4층 함께 놀자(놀이, 아소보카이): 어린이들이 좋아하는 역할놀이와 교육 체험, 기타 놀이의 장으로 마음껏 즐길 수 있다. 예) 집배원 체험, 파티 키친, 피카브 3층 만들어 보자(만들기, 츠쿠로카이): 창의력을 키우고 호기심을 충족하기 위한 곳으로 다양한 교육 프로그램으로 구성되어 있다. 예) 컴퓨터 공방, 창작 공방, 퍼스컴 광장 1층 환영 공간: 과학관의 입구로 볼 서커스로 구성된다. 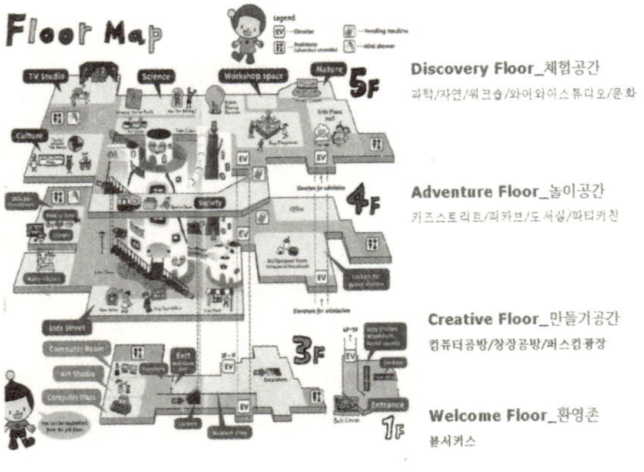 Floor Map Discovery Floor_체험공간 과학/자연/워크숍/와이와이스튜디오/문화 Adventure Floor_놀이공간 키즈스트리트/피카브/도서실/파티키친 Creative Floor_만들기공간 컴퓨터공방/창작공방/퍼스컴광장 Welcome Floor_환영존 볼서커스 〈키즈 프라자 오사카의 주제연출과 조닝〉

구분	항목	내용
	체험연출	·5층 과학/자연코너 ◦자원봉사자들과 함께 간단한 실험들을 직접 해보면서 과학의 원리 및 현상을 학습. ◦자유로운 체험을 통해 과학을 이해. ◦예전 과학기술에서 새로운 과학기술에 이르기까지 그 원리나 구조에 접하고, 손대고, 굴리고, 달리고, 말하는 등 신체를 활용하여 노는 것으로 과학에 대한 흥미나 관심을 높이는 것을 목적으로 한 공간. 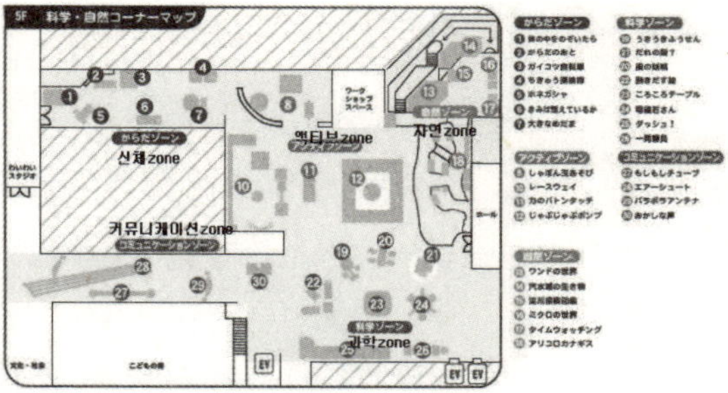 〈과학/자연코너 구성〉 ·콘텐츠 - 신체zone(1~7) 1. 몸의 안을 엿볼 경우 2. 몸의 소리: 청진기를 대고 몸 안 장기의 소리를 들을 수 있고, 임산부의 배 속에서 나는 소리도 들을 수 있다. 3. 해골 자전거: 자전거를 타면 옆에 자신의 뼈가 똑같이 자전거를 타는 모습을 알 수 있다. 4. 공 탐험대 5.뼈 퍼즐 6. 네 몸의 열: 신체 부위별로 열의 발생 정도를 알 수 있다. 7. 큰 눈알: 상이 맺히는 원리를 이해한다.  〈몸의 소리, 네 몸의 열, 큰 눈알〉

구분	항목	내용
		- 액티브zone(8~12) 8-1. 비눗방울놀이: 비눗방울로 운동과 표면장력의 원리를 이해한다. 8-2. 사람이 들어갈 수 있는 비눗방울: 한 사람은 원반테이블 안에 들어가 있고, 다른 사람은 밖에서 링을 들어 올려 큰 비눗방울을 만들어 사람이 비눗방울 안에 들어있게 되는 체험을 통해 표면장력을 이해한다. 8-3. 레인보우 스크린: 끈을 당기고, 입김을 불어 무지개색 비눗방울 막을 만든다. 10. 레이스웨이 11. 힘의 바톤터치: 크기나 모양이 다른 톱니바퀴의 움직임을 통해 힘의 구조, 회전 방향, 속도에 대해 이해한다. 12. 첨벙첨벙 펌프: 펌프질을 통해 물을 가득 채운 다음의 반응을 관찰, 물의 낙하하는 힘을 이해한다.     〈비눗방울놀이, 사람이 들어갈 수 있는 구슬, 레인보우 스크린〉   〈힘의 바톤터치, 첨벙첨벙펌프〉 - 자연zone(13~18) 13. 요도가와의 세계: 요도가와에 있는 물고기와 식물, 동물을 관찰한다. 14. 강어귀의 생물 15. 요도가와 탐험 도감: 요도가와의 세계와 강어귀의 생물의 전시 관찰을 더욱 흥미있게 해 주는 키오스크. 16. 미크로의 세계 17.타임 워칭 18. 곤충, 파충류, 식물 관찰: 곤충, 파충류, 식물 관찰, 몸의 모양, 눈이나 입의 모습 등을 관찰

구분	항목	내용
		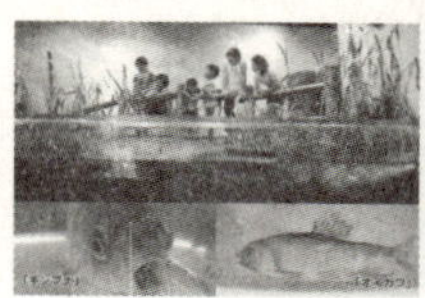   〈요도가와의 세계, 요도가와 탐험 도감, 곤충 · 파충류 · 식물 관찰〉 - 과학zone(19~26) 19. 뜬 풍선 20.누구의 얼굴? 21. 바람의 요정: 종이로 날개나 열매 모형을 만들어 통에 넣어 바람을 타고 나는 모습을 관찰, 움직이는 종이나 열매의 원리를 이해한다. 22-1. 움직이는 그림 조트로프: 용지에 12개의 팽이를 그리고 조트로프의 안쪽에 붙여 움직이는 그림을 만들어본다. 22-2. 움직이는 그림 페나키스티스코프: 원반을 회전시켜서 거울에 비친 그림을 보면서 그림이 움직이는 것을 확인한다. 23. 대굴대굴 테이블: 회전하고 있는 테이블 위에 볼이나 원판을 놓는 방법, 굴리는 방법에 따라 구르는 상태가 달라짐을 확인, 관성력과 마찰을 이해한다.  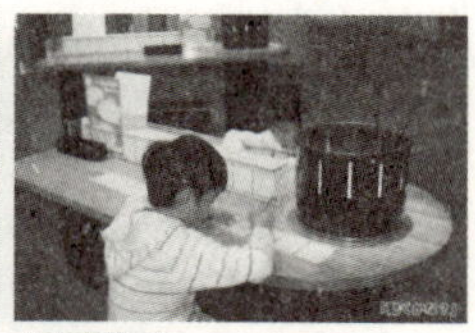   〈바람의 요정,움직이는 그림 조트로프,움직이는 그림 페나키스티스코프, 대굴대굴 테이블〉 24. 전자석씨 25.데쉬! 26.한방승부 - 커뮤니케이션zone(27~30) 27. 에어 슛! 28. 여보세요 튜브: 한 명이 파이프의 한편에서 이야기를 하면, 다른 한 명은 반대편에서 소리를 들음으로써 전성관을 체험, 소리가

구분	항목	내용
		전달되는 과정을 이해한다. 29. 파라볼라 안테나: 한 명이 파라볼라안테나를 향해 이야기하면 다른 한 명이 다른 파라볼라안테나를 통해 멀리 있는 소리를 들음으로써 소리가 모이는 구조를 체험한다.   〈여보세요 튜브, 파라볼라 안테나〉 30. 이상한 소리
		· 놀이행태별 체험 연출 〈지적 발달〉 ◦과학학습놀이: 시청각을 통한 신체 탐험, 비눗방울을 통한 표면장력의 이해, 톱니바퀴를 이용한 힘의 구조 이해, 물과 펌프를 이용한 낙하원리와 힘의 원리 이해, 열매와 바람의 원리 이해, 회전을 통한 애니메이션의 이해, 테이블을 이용한 마찰력과 관성의 이해, 소리와 전파의 이해 ◦자연관찰놀이: 곤충, 파충류, 식물의 관찰 ◦조작놀이: 펌프, 자전거 페달, 뼈 퍼즐, 단계그림을 그려 애니메이션의 원리 체험 〈신체적 발달〉 ◦모험놀이: 2개 층에 걸친 어린이거리에서 미로를 통과하거나 사다리를 기어오르고, 미끄러지고, 매달리는 다양한 신체 활동을 할 수 있다.
		· 체험 기법 ◦hands-on: 5. 뼈 퍼즐 8-1. 비눗방울놀이 8-2. 사람이 들어갈 수 있는 비눗방울 8-3. 레인보우 스크린 11. 힘의 바톤터치 12. 첨벙첨벙 펌프 15. 요도가와 탐험 도감 19. 뜬 풍선 21. 바람의 요정 22-1. 움직이는 그림 조트로프 22-2. 움직이는 그림 페나키스티스코프 23. 대굴대굴 테이블 27. 에어 슛! ◦관찰 기법: 1. 몸의 안을 엿볼 경우 6. 네 몸의 열 7. 큰 눈알 13. 요도가와의 세계 14. 강어귀의 생물 16. 미크로의 세계 18. 곤충, 파충류, 식물 관찰 ◦체험 기법: 2. 몸의 소리 3. 해골 자전거 28. 여보세요 튜브 29. 파라볼라 안테나 30. 이상한 소리

<table>
<tr><th>구분</th><th>항목</th><th>내용</th></tr>
<tr><td rowspan="2"></td><td>공간환경연출</td><td>·외부: 어린이들이 좋아하는 장난감인 블록에서 모티프를 딴 입방체의 외관에 바다색, 흰색, 빨강색의 조화는 어린이들에게 호기심과 친근함을 동시에 부여한다.
·내부: 4층과 5층의 중앙부분은 오스트리아의 훈데트르 바서가 설계한 '기묘한 마을, 어린이의 거리'가 2개 층에 걸쳐 위치하고 있어 어린이에게 동화 속 세상에 온 것 같은 미적 체험을 제공한다. 미끄럼틀이나 사다리를 타고 즐길 수 있다.

〈(좌)키즈 프라자 오사카의 외관, (우)키즈 프라자 오사카의 내부-어린이의 거리〉</td></tr>
<tr><td>운영서비스연출</td><td>·다양한 프로그램 운영: 부모와 함께 할 수 있는 체험
(워크숍,창작공방,파티키친,피카브.직업체험 등)
·시민참가형 시설: 시민자원봉사의 참여로 운영자해결
(설명위주가 아닌 같이 체험하면서 전시물과 아이들의 다리 역할)
·시민과 스텝, 시민끼리의 공동작업의 시스템, 자원센터 마련
: 전시물이나 프로그램의 연구개발, 사업의 기획 운영 등 참가
·부모를 위한 대기공간(밀크바 수유실,휴게의자,등)
·재입장 가능(3F에서 당일에 한해)
·입관 정기권(6개월과 1년단위_대인/소인/유아)</td></tr>
<tr><td rowspan="4">테마파크적 특성</td><td>테마성</td><td>·경험하면서 배움(Learning by Doing)-체험,놀이,만들기</td></tr>
<tr><td>비일상성</td><td>·1층 서커스 볼이 있는 환영존이 환상적인 분위기를 조성하여 일상과 다른 느낌을 부여
·4,5층을 관통하는 실제 존재하지 않는 공간 '어린이 거리'에서 어린이들은 여러 놀이를 통해 비일상성을 경험
·건물 외관을 블록모양으로 만들어 블록세계에 들어와 있다는 비현실감을 경험</td></tr>
<tr><td>배타성</td><td>·테마파크와 같은 배타성은 없음</td></tr>
<tr><td>통일성</td><td>·어린이들이 좋아하는 노랑, 빨강, 초록, 파랑 등 원색으로 연출하여 활동적인 공간임을 표현함
·자원봉사자들은 앞치마나 조끼를 착용함
·어린이의 눈높이에 맞는 체험물을 배치, 의자나 테이블도 어린이의 키를 고려함
·밝은 조명을 사용하여 눈의 피로를 덜어줌</td></tr>
</table>

구분	항목	내용
	상호작용성	· 대부분의 전시물들은 관람자의 행동에 따라 반응함
	체험성	· 만져보고, 들어보고, 조작해보고, 만들어보는 등 다양한 체험 환경이 제공됨
	탐구성	· 체험물마다 물음을 던져 호기심을 유발, 탐구하게 함
	교육성	· 신체, 표면장력, 힘, 소리 전달 등 시각, 청각, 촉각을 활용한 과학원리의 이해 · 곤충, 파충류, 식물의 관찰을 통한 자연의 이해 · 미끄럼틀, 사다리, 미로, 계단 등에서의 다양한 활동을 통한 신체능력과 문제해결능력 향상

키즈 프라자 오사카 분석에 삽입된 이미지자료들은 키즈 프라자 오사카 사이트에서 인용함.

(2) 온타리오 과학관 내 키즈파크(Ontario Science Centre Kids Park)

캐나다 온타리오 토론토에 위치한 온타리오 과학관 내에 있는 키즈파크는 '호기심 자극'을 주제로 놀이·창의력·탐구·협동을 기를 수 있도록 놀이, 만들기, 흐름, 쇼핑, 노래, 활동의 6가지의 세부 주제로 구성되어 있다. 8세 이하의 어린이를 주 대상으로 하며, 그 연령대 어린이들의 욕망인 도전과 변신을 모티프로 하여 전시를 구성하였다. 도전은 과학관련 체험에서, 변신은 쇼핑, 활동에서 실현된다.

대형 과학관 안에 어린이 전용 과학관이 있는 형태로 독립 공간에서 보이는 배타성이 있다. 실제 공간의 축소형 공간으로 비일상적인 특징을 띠며, 각종 전시물의 조작형태, 재질 등이 주제와 맞게 호기심을 자극하는 요소들로 구성되어 있다. 뿐만 아니라 신체, 물리, 자연 등 과학원리를 이해하기 위하여 구름이나 안개를 직접 만들어보는 체험을 통한 교육적 효과가 뛰어나다. 체험을 통하여 협업능력과 사회성발달도 함께 향상시킬 수 있어 과학을 통한 통합능력을 개발할 수 있는 과학관이다.

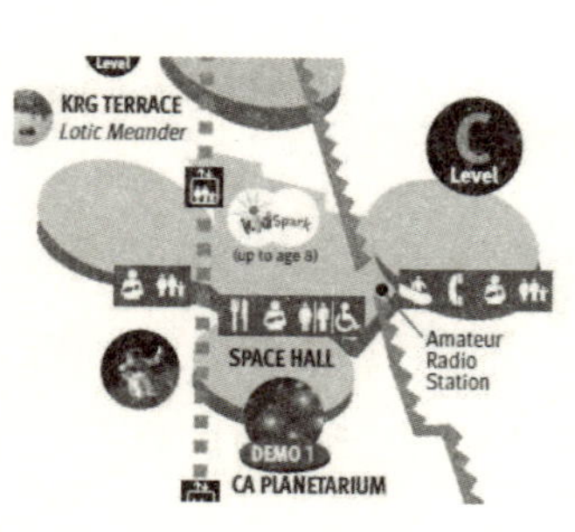

[그림 10] 키즈파크 맵

특이사항으로는 전시관에서 관람을 끝낸 관람객들에게 각 주제별로 집에서 손쉽게 다시해 볼 수 있는 과제를 제시하여 줌으로써, 과학관에서의 과학 학습이 가정에서도 이어지게 한 점과 생물, 우주, 화학의 세 가지 주제를 선택하여 주제에 맞는 생일 파티를 열어 독특한 생일 파티로 인식되게 하였다.

교육성이 가장 강하고 테마성, 배타성, 비일상성도 적절하게 갖추고 있다. 파인과 길모어의 고객 체험의 4요소 중 교육 체험을 중심으로 비일상적 체험, 미적 체험, 엔터테인먼트 체험을 골고루 할 수 있다.

〈표 20〉 온타리오 과학관 내 키즈파크 분석

구분	항목	내용
개요	소재	과학놀이
	주제	Spark your child's curiosity
	기본이념	놀이형태의 전시품을 통해 그 속에서 자연스럽게 과학의 원리 및 사고력과 올바른 정서를 함양할 수 있도록 조성
	설립년도	2003년
	위치	캐나다 온타리오 토론토 엘링턴 에비뉴
	주 관람대상자	8세 이하
	건물구조	1층(온타리오 과학관 내)
	과학관형태	부속형
연출 방식	원천소스/모티프	· 어린이 욕망(killer desire): 도전, 변신
	주제연출	· 전시 주제: 놀이, 만들기, 흐름, 쇼핑, 노래, 활동 놀이(Play): 놀이를 통해 사물들이 어떠한 방식으로 작동하는지 물질의 물리적 동작원리와 개념을 알도록 조성하였다. 예)성 쌓기,롤러코스터 만들기,공중에 물건 띄우기 등 만들기(Build): 미니크레인으로 집, 다리, 피라미드, 타워 등 관람객이 원하는 형태를 직접 만들고 건설해 보면서 주변 생활 속에서 보아온 건축물들이 만들어지는 과정을 안다. 예) 아치쌓기, 피라미드 만들기 등 흐름(Flow): 물을 붓고, 떨어뜨려보고, 물결 및 거품 등을 만들어보면서 유체에 대한 개념을 알도록 한다. 예)물거품, 물방아 돌리기 등 쇼핑(Shopping): 가상의 미니 쇼핑몰을 만들어 어린 관람객들이 직접 물품을 고르고, 무게를 재서 구입해 보면서 무게, 숫자의

구분	항목	내용
		개념을 쇼핑 놀이를 통해 알도록 한다. 예)생선 · 과일 가게 놀이 등 노래(Sing): 스튜디오에서 다양한 악기를 연주해 보고, 공명관 등 직접 연주하고 놀면서 소리의 물리적 개념을 알도록 한다. 예)목소리 변형, 공명관, 소리 맞추기 등 활동(Move): 특별한 과학 전시품을 통한 개념 전달이 아니라 관람객들이 쉬고 놀면서 상상력과 창의력을 기르도록 한 공간이다. 예)읽기 방, 미니 부엌 등
	체험연출	· 콘텐츠 - 놀이(Play) · 베르누이 효과: 발 페달을 눌러서 부푼 공을 공기 중에 떨어지지 않도록 띄우는 체험을 통해 베르누이 효과를 이해한다. · 돌기: 무대에서 돌고 있을 때 사람들이 점점 더 많아지면 어떤 일이 발생하는지 안다. · 심장소리 비교하기: 스피커를 통해 어린이의 심장 소리와 동물의 심장 소리를 비교한다. · 손 비교하기: 어린이의 손과 고릴라의 손을 비교한다. · 기어 타워: 기어를 움직여 타워를 움직이게 하고, 딱따구리의 소리를 듣는다. · 토들러 놀이공간: 3세 이하의 어린이들이 장난감을 가지고 노는 곳이다. · 스멀스멀 기어가는 벌레: 벌레들이나 작은 동물들이 어떻게 벽을 기어가는지 체험한다. · 핀 벽: 핀을 눌러 여러 모양을 만들어 본다. · 옷 입어보기: 세계 여러 나라에서 온 옷들을 입어본다. 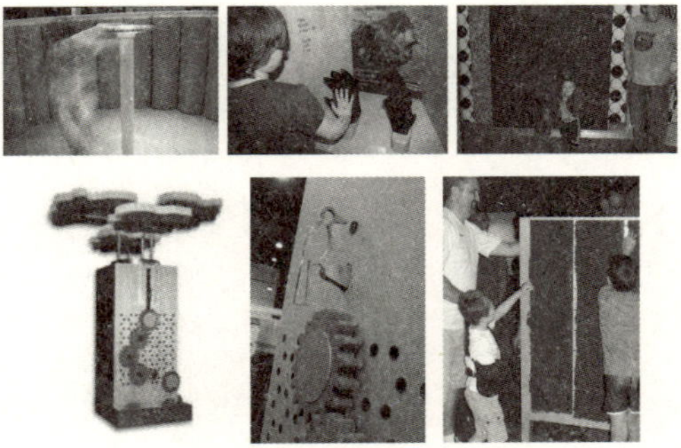 〈돌기, 고릴라 손, 옷 입어보기, 기어 타워, 핀벽〉

구분	항목	내용
		- 만들기(Build) ·타워 만들기: 자석공들이 달린 알루미늄 막대를 사용하여 다양한 타워를 만든다. ·아치 만들기: 여러 명이 함께 아치를 만든다. ·키즈파크 동굴: 동굴의 벽과 동굴 속 동물들을 만져보고 각자 종유석과 석순을 만든다. ·뼈 만들기: 모형 뼈를 가지고 몸에 있는 골격을 만들어 본다. ·장기 만들기: 마네킨 안에 장기 조각들을 넣어 장기를 만들어 본다. ·분수 만들기: 파이프를 연결하여 대야에 각자의 분수를 만들어 본다. ·구름 만들기: 고리를 눌러 안개 구름을 만든다.    〈타워 만들기, 장기 만들기, 구름 만들기〉 - 흐름(Flow) ·물 테이블: 테이블을 가로지르는 물이 흐르는 소리를 듣고 어떻게 움직이는지 관찰한다. - 쇼핑(Shopping)    〈물 테이블, 쇼핑〉 ·까페 형태의 시장에서 생선이나 과일을 사면서 수학을 배우고, 음식들의 영양성분을 배운다.

구분	항목	내용
		- 노래(Sing) ·음악 제작기: 다양한 악기들과 가정용품을 세게 치고, 긁는 등 다양한 행동으로 음악을 만든다. ·목소리 변형: 콘솔의 마이크를 사용하여 목소리를 변형시킨다. ·세계의 음악: 많은 특이한 퍼커션 악기들을 연주해 본다. 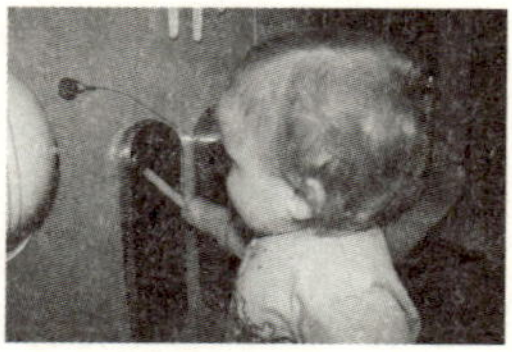 〈음악 제작기〉 - 활동(Move) ·미니 부엌: 미니 부엌에서 식사를 만들어 본다. ·읽기 방: 인형 쇼를 보거나 책의 이야기를 듣는다.
		·놀이행태별 체험 연출 〈지적 발달〉 ◦과학학습놀이: 베르누이 효과, 돌기, 심장소리 비교하기, 핀 벽, 뼈 만들기, 장기 만들기, 분수 만들기, 구름 만들기, 음악 제작기, 목소리 변형, 세계의 음악 ◦자연관찰놀이: 손 비교하기, 스멀스멀 기어가는 벌레, 키즈파크 동굴, 물 테이블, ◦조작놀이: 기어 타워, 타워 만들기, 아치 만들기 〈신체적 발달〉 ◦모험놀이: 토들러 놀이공간, 핀 벽 〈사회적 발달〉 ◦역할놀이: 옷 입어보기, 미니 부엌, ◦연합놀이: 쇼핑, 미니 부엌, 읽기 방
		·체험 기법 ◦hands-on: 장기 만들기, 뼈 만들기, 분수 만들기, 기어 타워, 타워 만들기, 아치 만들기, 손 비교하기 ◦관찰 기법: 스멀스멀 기어가는 벌레, 키즈파크 동굴 ◦체험 기법: 베르누이 효과, 심장소리 비교하기, 핀 벽, 음악 제작기, 목소리 변형, 세계의 음악, 옷 입어보기, 미니 부엌, 쇼핑, 읽기 방, 물 테이블

구분	항목	내용
	공간환경연출	〈온타리오 과학관 외관〉 · 외부: 돔 형태의 입구와 곡선형태의 본관, 야외 체험장으로 구성되어 있다. 종합과학관 내에 키즈파크가 있으므로 외부 공간은 특별히 어린이가 선호하는 공간으로 연출되지 않았다. · 내부: 6개의 레벨인 A,B,C,E,D,S로 구성되어 있고 키즈파크는 C레벨에 있다. 돌기 놀이를 하는 곳이자 나무 재질의 성 모양 조형물이 키즈파크의 특징을 드러낸다. 나무 재질, 플라스틱 재질, 금속 재질 등 여러 재질을 체험 전시물뿐만 아니라 내부 공간 구성에도 적용하여 어린이의 촉각 발달을 돕는다. 특히 3세 이하 어린이를 위한 토들러 놀이공간은 알록달록한 블록, 원목 롤러코스터, 푹신푹신한 바닥, 낮은 테이블 등을 사용하여 키높이를 배려하였다. 〈조형물〉
	운영서비스연출	· 매월 다른 프로그램을 운영 예) 2009년 5월의 경우 재미있는 과학, 핑거프린팅 아트, 점토 아트, 스토리타임, 새 관찰하기 등 · 참가형 프로그램: 도서관 사서 스토리텔러를 초대하여 어린이들에게 재미있는 이야기를 들려줌 · 생일파티: 생물, 우주, 화학의 세 가지 주제를 선택하여 2시간 동안 해당 주제에 맞는 체험, 게임을 하며 별도의 파티룸에서 생일파티가 진행됨. 5세 이상 9세 이하의 어린이들만 해당하

구분	항목	내용
		고, 토요일과 일요일, 학기 중에 진행된다. 어린이들에게는 피자와 주스가 제공되고, 부모에게는 커피와 차가 제공된다. 생일 어린이에게는 특별한 티셔츠를 제공한다.
테마파크적 특성	테마성	· 호기심을 불러일으켜라(Spark your child's curiosity) - 놀이, 만들기, 흐름, 쇼핑, 노래, 활동
	비일상성	· 실제 공간의 축소형 공간에서 어린이들은 여러 놀이를 통해 비일상성을 경험
	배타성	· 독립적인 과학공원으로 배타성을 띰
	통일성	· 과학관 외관의 황토색채를 내부에도 적용하여 부드러운 원목 질감을 사용함 · 안내원들은 검정색 정장 차림과 명패를 착용함 · 어린이의 눈높이에 맞는 체험물을 배치, 의자나 테이블도 어린이의 키를 고려함 · 체험 공간에 따라 밝은 조명과 어두운 조명을 적절히 사용함 · 어린이의 인지력에 맞게 짧고 간단한 전시문구를 사용함
	상호작용성	· 대부분의 전시물들은 관람자의 행동에 따라 반응함
	체험성	· 만져보고, 들어보고, 두드려보고, 긁어보고, 만들어보고, 참여하는 등 다양한 체험 환경이 제공됨
	탐구성	· 직접 해 봄으로써 궁금증을 해결하고, 호기심을 유발시키고, 문제해결능력을 키움
	교육성	· 신체, 베르누이 효과, 소리 생성, 물의 흐름, 구름의 생성, 분수의 생성 등 시각, 청각, 촉각을 활용한 과학원리의 이해 · 동굴에 사는 곤충이나 작은 동물의 관찰을 통한 자연 이해 · 블럭놀이, 돌기놀이, 핀 놀이 등에서의 다양한 활동을 통한 신체능력과 문제해결능력 향상 · 옷 입어보기 등에서의 역할놀이를 통한 세계의 이해 · 시장놀이, 부엌놀이 등을 통한 협업성 향상

온타리오 과학관 내 키즈파크 분석에 삽입된 이미지자료들은 온타리오 과학관 사이트와 플리커에서 인용함.

2) 국내

(1) 삼성어린이박물관 3층

서울시 송파구 잠실에 위치한 삼성어린이박물관은 국내에서 형식을 제대로 갖춘 최초의 어린이 박물관이다. 탐구와 표현이라는 대주제를 중심으로 어린이들의 탐구와 표현 능력을 길러주기 위해 8개의 주제에 11개의 전시영역과 총 100여개의 상호작용 전시품을 갖추고 있다. 직업 및 문화예술 체험, 원리 이해, 교류와 관련한 체험을 할 수 있다.

과학에 관한 부분은 3층 원리 이해에 해당한다. 과학과 관련해서는 성장과 노화, 물, 힘, 방송의 원리의 체험을 통하여 이해시킨다. 층별, 전시별 영유아부터 12세까지 어린이를 대상으로 한다.

매월 색다른 교육 이벤트를 개최하여 어린이의 발달에 적합한 다채로운 특별교육 프로그램을 운영하고 재방율을 높인다.

교육적 특징은 높은 반면, 키즈 프라자 오사카와 같이 독립형 건물이지만 외형적인 독특성이 없어서 배타성이 없고, 공간이 주는 비일상성도 부족하다. 내부 환경연출도 어린이들이 선호하는 색채나 일러스트 정도에 그치고 있어 비일상적이거나 통일성이 약하다. 파인과 길모어의 고객체험의 4요소 중 교육 체험을 중심으로 비일상적 체험, 엔터테인먼트 체험은 강하나 미적 체험은 부족한 편이다.

〈표 21〉 삼성어린이박물관 분석

구분	항목	내용
개요	소재	과학원리
	주제	탐구와 표현
	기본이념	호기심과 창의성을 촉진하여 어린이와 가족의 삶을 변화시킴
	설립년도	1995년
	위치	서울시 송파구 신천동 7-26
	주 관람대상자	영유아~12세
	건물구조	4층 단독 건물
	과학관형태	독립형
연출 방식	원천소스/모티프	·어린이 욕망(킬러 디자이어,killer desire): 미지,도전,파워
	주제연출	·층별 전시 주제: 직업 및 문화예술 체험, 원리 이해, 교류 2층 직업 및 문화예술(전통 미술, 일상 음악) 체험 예) 직업 체험-1: 카피라이터, 컴퓨터 전문가, 건축가, 운동선수, 연주자, 배우, 심리학자, 우주인 등 8가지의 직업 체험 직업 체험-2: 건축현장의 일꾼이 되어 건축과정 체험

구분	항목	내용
		전통 미술 체험: 옛 미술 유물 체험 일상 음악 체험: 요리시의 소리, 악기 소리, 핸드폰 소리, 오케스트라 지휘, 자연의 소리 등 생활 주변의 친근한 음악 만나기 3층 과학(성장과 노화, 물, 힘, 방송)의 원리 이해 예) 성장과 노화의 원리: 출생, 성장과정, 노화의 원리 이해 물의 원리: 물펌프, 물총, 물테이블 등을 통한 물의 특성 이해 힘의 원리: 공을 통한 힘의 원리 이해 방송의 원리: 다양한 방송 기술을 이해 4층 교류, 미술활동 예) 교류: 서로 다른 친구와 사귀기, 영유아 또래놀이 미술활동: 다양한 재료를 통한 미술작업 활동
	체험연출	·3층 과학의 원리 ◦자유로운 체험을 통해 과학을 이해. ◦성장과 노화, 물, 힘, 성장의 원리를 이해. ◦카메라에 비친 자신의 모습을 통해 방송의 원리를 이해. ◦체험물을 영유아, 취학전, 초등학생으로 분류함.
		·콘텐츠 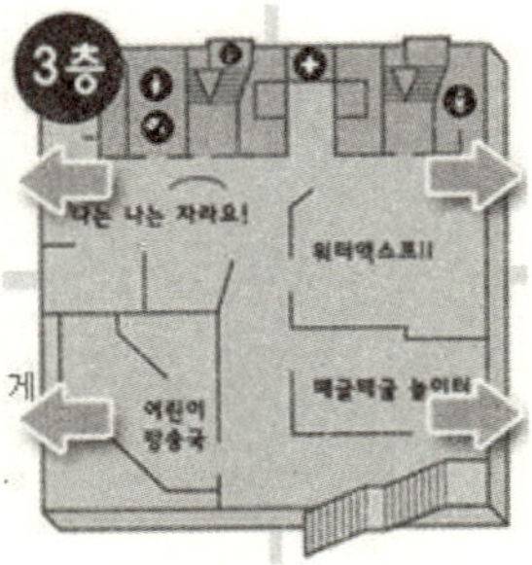 〈삼성어린이박물관의 주제연출과 조닝〉 - 나는 나는 자라요!: 탄생, 성장, 노화, 수명, 세대 이해 ◦영유아 1. 누구의 방일까?: 할아버지, 엄마, 중학생 오빠, 5살인 나, 그리고 동생이 살고 있는 집에서 5개의 방들의 물건들과 단서를 통해 누구의 방인지 추측, 각 세대에 대한 이해를 도모한다.

구분	항목	내용
		3. 동물가족: 열 마리 새끼들의 어미가 누구인지 생각해 보는 전시로 동물의 성장을 이해한다.   〈누구의 방일까?, 동물가족〉 ◦영유아/취학전 2. 지혜로운 노인들: 할머니, 할아버지의 지혜를 영상 동화로 이해하는 전시다. 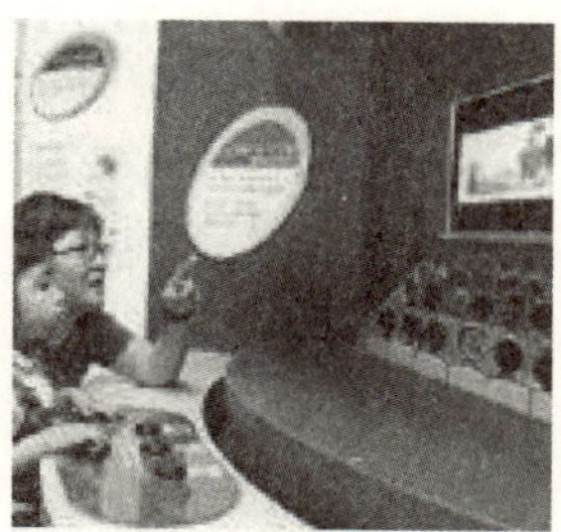 〈지혜로운 노인들〉 ◦취학전 4. 동생이 태어난대요: 임신한 엄마의 뱃속의 초음파 영상을 보고, 아기의 심장박동 소리도 들어보면서 생명의 신비를 이해한다. 5. 씨앗댄스: 씨앗이 나무가 되기까지의 성장과정을 이해한다.   〈동생이 태어난대요, 씨앗댄스〉

구분	항목	내용
		◦초등학생 6. 나이먹는 사람들: 아기, 유아, 어린이, 청소년, 성인, 노인에 이르는 사람 일생의 주요 단계를 퍼즐블럭을 통해 이해한다. 7. 우리 할머니는요: 노인과 노화에 관한 정보를 O,X 퀴즈를 통해 확인하는 전시다. 8. 누가누가 오래살까?: 사람을 포함한 여러 동물들의 수명막대그래프를 당겨보면서 종마다 수명이 다름을 이해한다. 〈나이먹는 사람들, 우리 할머니는요, 누가누가 오래살까?〉 - 워터엑스포II: 물놀이를 통한 물의 원리 이해 ◦영유아 1. 물길 만들기: 물이 흘러가는 길을 바꿔보는 놀이를 통해 물의 흐름을 이해한다. 2. 물의 낙하: 색깔 공을 통해 물이 내려가는 원리를 이해한다. 3. 해저탐험: 잠수함에 타서 바다 속 모습을 이해한다. 4. 해저동굴: 바다 속 동굴에 있는 생물을 이해한다. ◦취학전/초등학생 5. 공기방울의 여행: 펌프작동으로 공기방울의 생성원리를 이해한다. 6. 물 소용돌이: 원판을 돌려 규칙적인 물의 흐름을 관찰한다. 7. 물레방아: 펌프작동으로 물레방아가 돌아가는 원리를 이해한다. 〈물길 만들기, 물의 낙하, 물레방아 〉 - 떼굴 굴 놀이터: 공놀이를 통한 힘의 원리 이해 ◦영유아/취학전/초등학생 1. 공구조물: 작은 공들이 바람의 힘으로 구조물 위로 솟아올

구분	항목	내용
		랐다가 길을 따라 굴러 내려오는 전시다. ◦초등학생 2. 경주공: 모양은 다르지만 길이가 같은 두개의 길을 가벼운 공이 똑같은 바람의 힘으로 경주를 시작하여 공이 통과하는 속도를 비교해 보는 전시로 공기의 흐름을 이해한다.  〈공구조물, 경주공〉 - 어린이방송국: 방송 원리 이해 1. 춤을 춰 보세요: 크로마키 기법으로 바다 속에 자신의 모습이 나타남을 확인한다. 2. 함께 노래 불러 보세요 3. 다른 모습으로 분장한 모습은: 각자 바다 속 물고기가 되어 이야기의 주인공이 되어 본다. 나를 통해 멀리 있는 소리를 들음으로써 소리가 모이는 구조를 체험한다.  〈다른 모습으로 분장한 모습은〉
		.놀이행태별 체험 연출 〈지적 발달〉 ◦과학학습놀이: 동생이 태어난대요, 누가누가 오래살까?, 물길 만들기, 물의 낙하, 공기방울의 여행, 물 소용돌이, 물레방아, 공구조물, 경주공 ◦자연관찰놀이: 씨앗댄스, 해저탐험, 해저동굴, 동물가족 〈사회적 발달〉 ◦관찰놀이: 누구의 방일까?, 지혜로운 노인들, ◦역할놀이: 다른 모습으로 분장한 모습은 ◦연합놀이: 함께 노래 불러 보세요

구분	항목	내용
		· 체험 기법 ◦hands-on: 동생이 태어난대요, 누가누가 오래살까?, 공기방울의 여행, 물 소용돌이, 물레방아, 공구조물, 경주공 ◦관찰 기법: 누구의 방일까?, 동물가족, 씨앗댄스, 나이먹는 사람들, 해저동굴 ◦체험 기법: 지혜로운 노인들, 물길 만들기, 물의 낙하, 해저탐험, ◦ 참여 기법: 우리 할머니는요
	공간환경연출	· 외부: 어린이들이 선호하는 노랑, 초록, 파랑, 주황색의 블록으로 꾸며진 성모양의 입구. 입구를 제외하고는 건물이 주변 아파트나 일반 건물과 별다른 차별성이 없다. · 내부: 삼성어린이박물관의 특징적인 내부 조형물은 없으며 각 zone에 적합한 인테리어로 구성되어 있다. 파스텔톤의 색채와 동화 일러스트를 벽면에 꾸며놓아 친근함을 부여하였다. 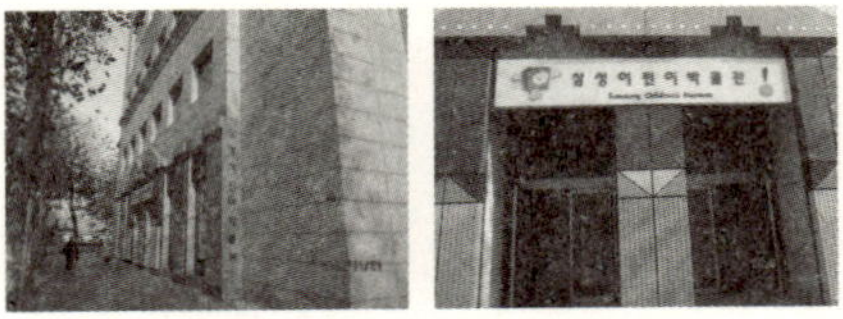 〈삼성어린이박물관 외관〉  〈워터엑스포의 조형물과 벽면 일러스트〉
	운영서비스연출	.다양한 프로그램 운영 ◦스쿨 프로그램 영유아 놀이스쿨: 2~4세의 어린이들이 엄마와 함께 신체, 미술, 언어, 인지, 요리 등의 교육활동을 통해 전인적 발달을 꾀함. 사이언스스쿨: 초등학교 1~2학년을 대상으로 바람, 물, 소리를 소재로 과학원리를 이해하는 프로그램 ◦이벤트 이사가는 조개: 5세 이하 어린이와 부모를 대상으로 하며, 동화를 듣고 방송국 크로마키 특수효과 체험. 변신! 리사이클: 7세 이상 어린이를 대상으로 하여 야채, 과일전지로 전기회로 실험을 해 보고 재활용 램프를 만드는 체험. 환경바구니: 5세 이상 어린이를 대상으로 재활용품을 이용한 환

구분	항목	내용
		경바구니 만들기 체험. 지구를 지켜라: 5~8세 이상 어린이와 아빠를 대상으로 집에서 실천할 수 있는 환경보호 리스트 작성하기. ·박물관 교사가 어린이의 체험과 안전을 담당. ·곳곳에 휴게시설 비치 ·지하에 식음 시설
테마파크적 특성	테마성	·탐구와 표현-체험, 만들기
	비일상성	·건물 내관 · 외관에서 주제성을 드러내는 공간연출이 없고, 단순히 어린이들이 좋아하는 도형이나 컬러를 사용하는데 그쳐 비일상성을 느낄 수 없음.
	배타성	·배타성 없음.
	통일성	·어린이들이 좋아하는 노랑, 빨강, 초록, 파랑 등 원색으로 연출하여 활동적인 공간임을 표현함 ·자원봉사자들은 노란색의 티셔츠를 착용함 ·어린이의 눈높이에 맞는 체험물을 배치, 의자나 테이블도 어린이의 키를 고려함 ·밝은 조명을 사용하여 눈의 피로를 덜어줌
	상호작용성	·대부분의 전시물들은 관람자의 행동에 따라 반응함
	체험성	·만져보고, 들어보고, 조작해보고, 만들어보는 등 다양한 체험 환경이 제공됨
	탐구성	·체험물마다 물음을 던져 호기심을 유발, 탐구하게 함
	교육성	·물, 바람, 신체, 성장과 노화, 방송기술 등을 소재로 시각, 청각, 촉각을 활용한 과학원리의 이해 ·그림과 영상을 이용한 동물, 식물의 관찰을 통한 자연 이해 ·역할놀이를 통한 사회성 함양

삼성어린이박물관 분석에 삽입된 이미지자료들은 삼성어린이박물관 사이트와 직접 촬영한 사진을 사용함.

(2) 국립과천과학관 내 어린이탐구체험관

경기도 과천, 국립과천과학관 내에 조성된 어린이전용 과학관으로 어린이들에게 과학원리를 이해하고 미래를 꿈꾸게 할 수 있도록 3개의 주제에 23개의 전시 영역으로 구성되어 있다. 과학과 관련한 주제를 자연과 에너지, 꿈꾸는 어린이, 미래를 향하여로 세분화하였다. 자연과 에너지는 나비, 땅속, 물, 거미줄, 신체원리, 힘 등 자연 속에서의 에너지의 발생과 원리를 학습하는 데 있어 어린이 신체를 적극활용하도록 하였고, 사회성 발달을 위하여 함께 힘을 모아 전기 동력을 발생하게 하는 체험물들이 있다. 꿈꾸는 어린이는 어린이들이 예술가, 사진작가, 연주가, 탐험가, 놀이기구 설계자가 된 듯한 체험을 할 수 있도록 하였지만 스토리보다는 I/O 브러쉬로 디지털 그림을 그려본다거나 단순 원리의 나열이라서 어린이가 그러한 직업인으로 변신했다는 욕구 해결 측면은 보이지 않는다. 미래를 향하여는 과학 실험을 통한 과학 원리의 이해와 3D 입체 영상 관람으로 우주 탐험을 하여 미래 세계를 체험한다.

주관람 대상자는 유아와 어린이로 표기하고 있어 분명한 타겟층을 알 수 없고, 실제 방문하면 젖먹이 어린이부터 초등 고학년 어린이까지 구분 없이 섞여 전시를 체험하여 효율성을 재고해 본다.

교육성이 가장 강하고 테마성, 배타성도 적절하게 갖추고 있다. 파인과 길모어의 고객 체험의 4요소 중 교육 체험을 중심으로 비일상적 체험, 엔터테인먼트적 체험을 할 수 있지만 미적 체험은 미비한 편이다.

〈표 22〉 국립과천과학관 내 어린이탐구체험관 분석

구분	항목	내용
개요	소재	과학원리
	주제	과학에 대한 호기심과 흥미 유발
	기본이념	· 어린이의 신체와 감성에 알맞은 놀이체험공간 · 감성과학 중심의 과학원리를 체험하는 과학탐구 공간 · 자연 속에 숨어있는 과학원리를 이해하는 과학놀이공간 · 실생활 속에 들어있는 과학원리를 역할놀이를 통해 배움
	설립년도	2008년
	위치	경기도 과천시 대공원 광장길 100
	주 관람대상자	유아와 어린이
	건물구조	국립과천과학관 1층
	과학관형태	부속형
연출	원천소스/모티프	· 어린이 욕망(killer desire): 미지, 도전, 파워, 변신

구분	항목	내용
방식	주제연출	· 전시 주제: 자연과 에너지, 꿈꾸는 어린이, 미래를 향하여 자연과 에너지: 자연과 에너지의 원리 이해 예) 나를 따르는 나비, 빛을 만들자, 자연의 힘으로, 거미줄의 신비, 흙이 주는 이로움, 공의 과학, 목소리는 어떻게 날까요?, 이상한 목소리, 맑은 물에 살아요, 깨끗한 숲 만들기, 나는 천하장사, 물놀이, 땅속 체험, 생각하는 나무, 행성 볼풀 놀이방 꿈꾸는 어린이: 직업 체험 예) 예술가, 사진작가, 연주가, 탐험가, 놀이기구 설계자 등 미래를 향하여: 과학 실험, 우주 탐험 예) 어린이 실험실, 3D 영화관
	체험연출	.콘텐츠  〈과학관 구성〉 - 자연과 에너지: 자연과 에너지의 원리 이해 · 나를 따르는 나비: 관람객의 동작에 반응하는 나비의 영상을 체험하면서, 나비의 탄생, 꽃의 생태, 식물과 사람의 호흡법에 대해 이해한다.   〈나를 따르는 나비〉 · 빛을 만들자: 자전거 페달을 밟아서 큰 전구 안에 있는 코일이 돌아가면서 전기를 만들어 전구에 불이 들어오게 하여 전기의 발생원리를 이해한다.

구분	항목	내용
		 〈빛을 만들자〉 ·자연의 힘으로: 풍차, 물레방아, 태양빛을 이용하여 전기를 생성, 빛을 발생시키는 체험을 한다.   〈자연의 힘으로〉 ·거미줄의 신비: 대형 거미줄 터널을 구성하고 거미의 생활, 거미줄의 특징 및 세기 등에 대해 이해한다. 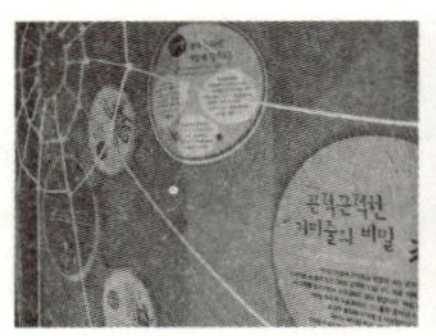  〈거미줄의 신비, 흙이 주는 이로움〉 ·흙이 주는 이로움: 흙에서 생산되는 농산물 모형 및 설명 패널을 설치하여 다양한 정보를 얻는다. ·공의 과학: 탁구공, 골프공, 테니스공, 야구공, 축구공의 특징과 과학적 원리에 대해 이해한다.  〈공의 과학〉

구분	항목	내용
		· 이상한 목소리: 캐릭터들과 연결된 관에 입을 대고 말을 하면 변화된 목소리가 나오는데 이를 통해 공기의 진동을 알 수 있다. · 목소리는 어떻게 날까요?: 영상과 그래픽 패널을 통해 성대의 떨림에 대해 이해한다.   〈이상한 목소리, 목소리는 어떻게 날까요?〉 · 맑은 물에 살아요: 우리나라의 맑은 물에 사는 6종의 생물에 대해 패널과 바닥에 있는 인터렉티브 호수 영상을 통해 이해한다. · 깨끗한 숲 만들기: 탁구공을 통해 생활용품들의 자연 분해 시간을 알 수 있는 모형이 설치되어 있어 다양한 생활용품들의 분해기간을 알 수 있어 환경오염에 대한 경각심을 배우고 느낀다. · 나는 천하장사: 무게가 같은 3개의 상자를 두고 받침대의 원리를 달리하여 누르는 힘이 달라짐을 체험해 보고 지렛대를 이용하면 천하장사처럼 아무리 무거운 물건이라도 쉽게 들 수 있는 원리에 대해 이해한다. 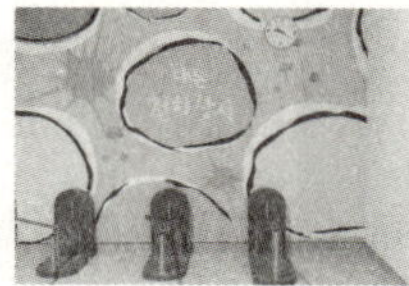  〈나는 천하장사, 물놀이〉 · 물놀이: 펌프의 압력으로 물이 위로 올려지고 그 물이 떨어지면서 바람개비를 회전시키는 등 놀이를 통해 물의 원리를 이해한다.   〈맑은 물에 살아요, 깨끗한 숲 만들기〉

구분	항목	내용
		·땅 속 체험: 땅 밑의 상황을 관찰할 수 있는 모형을 터널 형태로 설치하여 관람객이 터널을 통과하면서 땅속 모형을 관찰하고 중간에 모형의 윗부분에 투명 창이 설치되어 땅위의 상황을 관찰할 수 있다.   〈땅 속 체험〉 ·생각하는 나무: 관람객이 휴식을 취하는 장소로 과학도서가 비치되어 있어 자유롭게 학습할 수 있다. ·행성 볼풀 놀이방: 행성모양의 볼로 꾸며진 볼풀에서 어린이들이 즐겁게 놀면서 행성 패널에 있는 행성 정보를 얻을 수 있다.   〈생각하는 나무, 행성 볼풀 놀이방〉 - 꿈꾸는 어린이: 직업 체험 ·예술가: I/O 브러쉬를 이용하여 다양한 문양의 그림을 직접 그려볼 수 있다. I/O 브러쉬는 붓 안의 카메라로부터 터치한 물체의 움직임과 색깔을 기억해서 모니터 위에 실제 그림을 그리듯 스케치할 수 있는 장치다. ·사진작가: 크로마키 시스템과 카메라 옵스큐라를 통해 카메라의 기본원리를 체험해 볼 수 있다.   〈예술가, 사진작가〉

구분	항목	내용
		·연주가: 발 피아노 건반을 밟아 음악을 연주하고 밟을 때마다 무지개 속 조명이 반짝거리는 체험 공간이다. 공기의 진동 속도에 따라 높은 소리, 낮은 소리가 나는 원리를 이해한다.  〈연주가〉 ·탐험가: 사막을 모험하는 탐험가가 갖춰야 할 물품에 대해 알아볼 수 있다. ·놀이기구 설계자: 놀이기구 모형(자이로드롭, 롤러코스터, 범퍼카)이 설치되어 있어 간단한 조작을 통해 기구의 움직임을 관찰, 체험해 볼 수 있다. ·화성 개척자: 지구와 화성의 환경을 비교하여 화성에서 생활하기 위해 필요한 시설들을 시뮬레이터를 이용하여 건설해보는 체험을 해본다.  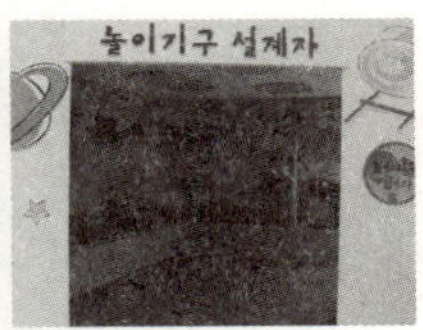  〈탐험가, 놀이기구 설계자, 화성 개척자〉 - 미래를 향하여: 과학 실험, 우주 탐험 ·어린이 실험실: 정기적으로 다양한 어린이 과학 교육 프로그램을 운영하여 각종 실험을 통해 재미있는 과학학습을 할 수 있게 한다.

구분	항목	내용
		 〈어린이 실험실〉 · 3D 영화관: 입체안경을 쓰고 우주탐험 영화를 제작하는 과정을 소재로 한 입체영화를 볼 수 있으며 영화 속 캐릭터, 영사기 등을 입체패널로 구성하여 영상관이 마치 영화세트 속에 있는 것 같은 느낌을 체험할 수 있다.  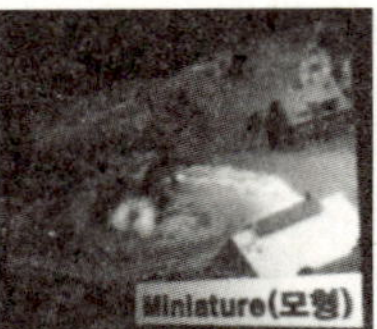 〈3D 영화관〉
		· 놀이행태별 체험 연출 〈지적 발달〉 ◦과학학습놀이: 빛을 만들자, 자연의 힘으로, 공의 과학, 이상한 목소리, 목소리는 어떻게 날까요?, 나는 천하장사, 물놀이, 예술가, 사진작가, 연주자, 탐험가, 놀이기구 설계자, 화성 개척자, 어린이 실험실, 3D 영화관 ◦자연관찰놀이: 나를 따르는 나비, 거미줄의 신비, 흙이 주는 이로움, 맑은 물에 살아요, 땅 속 체험 〈신체적 발달〉 ◦기능놀이: 나는 천하장사, 물놀이, 행성 볼풀 놀이방 ◦모험놀이: 땅 속 체험 〈사회적 발달〉 ◦관찰놀이: 깨끗한 숲 만들기 ◦역할놀이: 예술가, 사진작가, 연주자, 탐험가, 놀이기구 설계자, 화성 개척자 ◦연합놀이: 빛을 만들자, 어린이 실험실
		· 체험 기법 ◦hands-on: 공의 과학, 나는 천하장사, 물놀이, 예술가, ◦관찰 기법: 거미줄의 신비, 흙이 주는 이로움, 탐험가, 놀이기구 설계자, 깨끗한 숲 만들기 ◦체험 기법: 빛을 만들자, 나를 따르는 나비, 빛을 만들자, 자

구분	항목	내용
		연의 힘으로, 이상한 목소리, 목소리는 어떻게 날까요?, 맑은 물에 살아요, 땅 속 체험, 사진작가, 연주자, 화성 개척자, 3D 영화관 ◦참여 기법: 어린이 실험실
	공간환경연출	· 외부: 모든 연령대가 선호하는 날아오르는 미래 첨단 우주선을 모티프로 해서 은빛 지붕과 파란색 유리창으로 구성되어 있다. 종합과학관 내에 어린이탐구체험관이 있으므로 외부 공간은 특별히 어린이가 선호하는 공간으로 연출되지 않았다.  〈국립과천과학관 외관〉 · 내부: 어린이탐구체험관의 특징적인 내부 조형물은 풍차, 태양열 에너지, 물놀이 등 체험물을 중심으로 되어 있고, 각 zone에 적합한 인테리어로 구성되어 있다. 자연을 상징하는 초록색을 기준으로 파스텔톤의 색채와 동화 일러스트를 벽면에 꾸며 놓아 친근함을 부여하였다. 또 사각형이나 다각형 등을 기둥과 벽 상단에 그려 놓아 어린이들이 좋아하는 도형을 자연스럽게 학습할 수 있게 하였다. 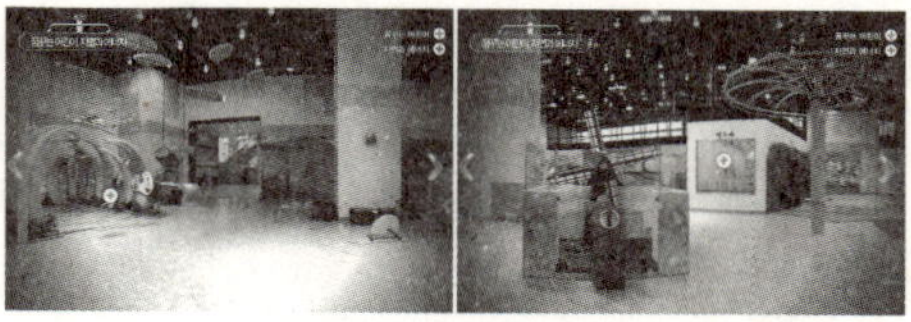 〈어린이탐구체험관 내부〉
	운영서비스연출	· 매월 다른 프로그램을 운영 예) 고무줄 총 놀이 할까?: 고무줄이나 용수철이 가진 탄성과 탄성체가 가진 힘인 탄성력에 대해 알아본다. 짠물 알아맞히기: 용액의 진하기를 알아보는 간이 비중계를 만들어 밀도에 따른 부력을 알아본다. 줄기 속을 들여다보자: 뿌리에서 흡수한 물과 잎에서 만든 영양분이 이동하는 식물의 관다발의 구조를 빨대를 이용하여 알아본다.

구분	항목	내용
		멋쟁이 달: 지구와 달의 운동(자전과 공전)에 따른 달의 위상변화를 알아본다. · 안내데스크 외에 안내원이나 전시해설자, 과학관 교사를 찾기 어렵다.
테마파크적 특성	테마성	· 과학에 대한 호기심과 흥미 유발-체험, 참여, 관찰
	비일상성	· 건물 내관 · 외관에서 주제성을 드러내는 공간연출로 되어 있고, 어린이들이 좋아하는 도형이나 컬러, 그리고 일러스트를 써서 몰입성을 높이고 있다.
	배타성	· 국립과천과학관 자체는 도심지와 떨어진 곳에 위치하여 독립적인 과학공원으로 테마파크와 같은 완벽한 배타성은 아니지만 수목으로 둘러싸여 배타성을 띠고 있다.
	통일성	· 과학과 자연의 원리 이해에 맞게 초록색, 황토색, 연한 노란색을 전체적으로 사용하고, 부분적으로는 파랑색, 빨간색을 사용하여 편안하고 활동적인 공간임을 표현함 · 어린이의 눈높이에 맞는 체험물을 배치, 의자나 테이블도 어린이의 키를 고려함 · 영상관이나 화성개척자를 제외하고는 밝은 조명을 사용하여 눈의 피로를 덜어줌 · 동선이 3개의 주제에 맞도록 되어 있지 않고 혼동스럽다.
	상호작용성	· 대부분의 전시물들은 관람자의 행동에 따라 반응함
	체험성	· 만져보고, 들어보고, 조작해보고, 눌러보고, 움직여보고, 관찰해 보는 등 능동적 체험과 수동적 체험을 골고루 조합하여 다양한 체험 환경이 제공됨
	탐구성	· 체험물마다 호기심을 유발하고, 탐구하게 함
	교육성	· 물, 바람, 태양, 힘, 운동, 자연, 음악과 미술 속의 과학원리 등을 소재로 시각, 청각, 촉각을 활용한 과학원리의 이해 · 그림과 영상을 이용한 동물, 식물의 관찰을 통한 자연 이해 · 역할놀이를 통한 사회성 함양

국립과천과학관 내 어린이탐구체험관 분석에 삽입된 이미지자료들은 국립과천과학관 사이트에서 참조함.

2. 테마파크적 특징을 적용한 유형 둘러보기

1) 소설과 환경연출이 결합된 사례

- 생텍쥐베리 어린왕자뮤지엄 (星の王子さまミュージアム)

일본 하코네에 위치한 생텍쥐베리 어린왕자뮤지엄은 생텍쥐베리의 삶을 연대기순으로 전시하고 있다. 생애 전시와 더불어 그의 대표작인 어린왕자의 극적인 부분도 전시하고 있어 마치 생텍쥐베리가 어린왕자라는 생각이 들게 한다.

생텍쥐베리가 집 주변을 자세히 관찰하고 소소한 것을 찾는 행위에서 즐거움을 느꼈던 어린 시절의 행동특성과 소설 어린왕자에 나오는 '가장 중요한 것은 눈에 보이지 않는 법이야'라는 문구를 결합하여 관람자들도 관람을 하면서 생텍쥐베리처럼 소소하고 잘 보이지 않는 일상의 중요한 것을 찾아나가는 희열의 감정을 느끼게 하도록 주제를 설정하였다. 이것은 어린왕자=생텍쥐베리=관람객의 등식을 성립하게 한다.

공간은 박물관, 야외거리, 정원, 공원, 까페, 레스토랑, 숍 등 총 20개로 구성되어있는데 생텍쥐베리가 생전에 자주 들렀던 까페나 정원, 거리, 그리고 어린왕자에 등장하는 캐릭터를 중심으로 실외공간을 구성하였다.

에이징(Aging) 기법으로 1920년대의 과거 공간을 재현하고 있고, 사진 패널이나 모형을 통한 재현이 대부분인 수동적 체험 전시가 위주지만 어린왕자에 나오는 캐릭터와 소품, 상품에 이르기까지 생텍쥐베리의 흔적을 박물관 안팎으로 재현하고 있어 테마에 충실한 공간이다.

파인과 길모어의 고객 체험의 4요소 중 미적 체험이 차지하는 비중이 높고, 현실도피 체험, 엔터테인먼트 체험도 할 수 있다. 비교적 교육 체험적 요소는 낮은 편이다.

〈표 23〉 생택쥐베리 어린왕자뮤지엄 분석

구분	항목	내용
개요	소 재	생텍쥐베리의 삶, 어린왕자
	주 제	보이지 않는 중요한 것 찾기
	기 본 이 념	생택쥐베리의 삶을 경험하고, 청정한 자연환경 속에서 휴식과 위안의 시간을 보내게 한다.
	설 립 년 도	1999년
	위 치	일본 카나가와켄 아시가라시모군 하코데쵸 센고쿠하라 909

구분	항목	내용
	주 관람 대상자	6세 이상
	건 물 구 조	2층 단독 건물, 프로방스 거리, 정원, 교회 등
	박 물 관 형 태	독립형
연출 방식	원천소스/모티프	· 소설 어린왕자(Killer Contents)+생텍쥐베리의 생애:회상, 한상, 향수
	주제 연출, 체험 연출, 콘텐츠	· 전시 주제(관람 순서대로) - 야외 공간, 레스토랑, 숍 ◦B612 행성: 어린왕자가 도착한 행성이자 관람객들의 관람 출발지이다. ◦지리학자의 길: 1920년대 초의 프로방스 길을 재현하였다. ◦점등부의 광장: 지리학자의 길 끝에 있는 광장, 생텍쥐베리가 가장 좋아했던 캐릭터로 밤에 불을 밝혀 준다. ◦콘스에로 장미 정원: 생텍쥐베리 부인의 이름을 붙인 곳으로 '어린왕자의 장미'라고 알려져 있다. ◦왕의 길: 생택쥐베리 부인이 태어난 페이레트 8번가의 주거지를 재현한 곳이다. ◦보아뱀 길: 어린왕자의 캐릭터인 보아뱀 형태의 정원이다. ◦비지니스맨의 길: 어린왕자의 캐릭터인 비즈니스맨 상이 있는 길이고 교회로 연결된다. ◦생텍쥐베리 교회: 어린 시절 생텍쥐베리가 놀았던 교회를 재현하였다. ◦술주정뱅이의 길: 어린왕자의 캐릭터인 술주정뱅이의 길이다. ◦어린왕자 우물: 레스토랑이 있는 곳이고 휴식을 취할 수 있다. 잘난체하는 남자의 시장 ◦천문학자의 길: 작은 경사지로 숍과 연결되어 있다. ◦사냥꾼의 계단: 극장을 나오면 바로 있는 곳이고, 어린왕자 파크가 앞에 있다. ◦어린왕자 파크: 생 모리스 드 레망스성과 주변을 재현하였다. ◦어린왕자 레스토랑: 프로방스를 재현한 레스토랑이다. 뮤지엄 숍 ◦까페: 생택쥐베리가 자주 이용했던 성 저메인 가로수길을 재현한 까페다. - 박물관 1층 ◦태양의 왕: 생 모리스 드 레망스에서 온 오래된 침대가 있다. ◦유년시절의 명암: 생택쥐베리의 행복했던 어린시절과 불행했던 어린시절을 사진으로 보여준다.

구분	항목	내용
		◦비행사 되기: 뚤루즈에 있을 때 호텔 그랜드 발콘의 복도 끝을 보여준다. ◦하늘과 사막 사이의 중간: 생택쥐베리가 첫 소설을 썼던 주비 사막에서 여유 캐릭터를 떠올렸던 곳이다. ◦남아메리카 장미에 매혹되다: 아르헨티나에서 비행사로 계속 일할 때 아내 콘수엘로를 만나게 된 것을 배경으로 한 곳이다. ◦작가활동: 라틴 스타일로 꾸며진 곳으로 그가 모스코바를 경유하여 뉴욕에서 사이공까지 세계를 비행한 것을 전시하고 있으며 비행기로 때로 우편배달을 하기도 하고, 보고서를 만들기도 했음을 설명하는 공간이다. ◦전투 조종사: 나찌에 의해 북부 프랑스가 침공당한 것을 보고 전투 조종사의 영감을 얻은 것을 전시하는 공간이다. ◦뉴욕으로 망명: 이 시기에 어린왕자가 출간되었다. 뉴욕에서 살았던 그의 방을 보여주는 공간이다. ◦하늘로: 생텍쥐베리의 미국인 친구, 존 필립스가 그의 마지막 며칠을 영상으로 담은 것을 보여준다. 2층 ◦어린왕자의 세계로 오신 것을 환영합니다: 계단 위에 있는 짧은 영상을 통해 생텍쥐베리와 그의 메시지를 이해하는 공간이다. ◦그림을 통한 메시지: 어린왕자 이야기와 생텍쥐베리의 삶이 사막모형으로 만들어진 극장에서 사진으로 소개된다.
	공간환경연출	· 외부: 1920년대 초의 프로방스 거리, 어린왕자이야기의 공간적 배경, 어린왕자 캐릭터를 중심으로 한 길을 조성하여 테마성을 강조하고 있다.   〈어린왕자뮤지엄 외관〉 · 내부: 1층과 2층으로 구성된 박물관은 동선이 연대기순으로 구

구분	항목	내용
		성되어 있어 쉬운 관람을 할 수 있고, 각 전시영역마다 세부 주제에 맞는 실제 크기 방, 소품 등의 모형을 소리와 함께 전시하여 현장감과 사실감을 더하고 있다. 평범한 사진들도 마치 유럽 집 형태의 갤러리에 온 듯한 느낌이 들도록 적절한 위치에 배치되어 있다.  〈어린왕자뮤지엄 내부〉
테마파크적 특성	테마성	· 보이지 않는 중요한 것 찾기-소설 어린왕자의 '가장 중요한 것은 눈에 보이지 않는 법이야'에서 모티프를 찾았고, 생텍쥐베리가 어린 시절 집 주변이나 거리에서 새롭고 신기한 것을 찾아다니며 걸어다니는 것을 좋아했다는 데서 착안, 실외나 실내 모두 천천히 이동하면서 테마성을 느끼기에 충분
	비일상성	· 생텍쥐베리가 살았던 거리의 재현, 작업했던 방, 비행기 내부 등을 재현하여 관람객으로 하여금 마치 그 당시로 가 있는 느낌을 줌 · 어린왕자에 나오는 캐릭터들의 거리나 조형물을 조성하여 비일상적 성격을 부여함
	배타성	· 도심지에서 벗어나 동떨어진 곳에 독립적인 건물로 위치하므로 배타적 성격을 띰
	통일성	· 어린왕자의 머리카락 색인 노란색 깃발, 노란색 유모차, 노란색 유니폼으로 컬러의 통일을 유지함  〈유니폼, 깃발, 표지판〉 · 건물이나 거리, 벽면의 색도 채도가 아주 낮은 노란색을 사용하여 당시의 건물과 공간을 조성함 · 외부 건물, 벽, 바닥의 질감을 조화롭게 통일시키고, 내부의 경

구분	항목	내용
		우에도 적절한 조명을 사용하여 생텍쥐베리의 집과 같은 분위기를 자아냄 〈외부 건물〉
	상호작용성	· 대부분의 전시물들은 패널과 모형 전시가 대부분이어서 정적이며 수동적인 상호작용이 중심
	체험성	· 시각에 의존
	탐구성	· 천천히 거닐면서 관람객이 소설 속 이야기나 캐릭터를 발견함
	교육성	· 1920년대 프로방스 건축을 이해하는 것 외에는 크게 교육적인 성격을 띠지 않음

생텍쥐베리 어린왕자뮤지엄 분석에 삽입된 이미지자료들은 해당 사이트와 직접 촬영한 사진을 첨부함.

2) 향수, 환경연출, 그리고 쇼이벤트가 결합된 사례

- 신요코하마 라면박물관(新横浜ラーメン博物館)

일본 신요코하마에 위치한 라면박물관은 지상 1층의 박물관과 숍, 지하 1층과 지하 2층에 1958년 저녁 무렵의 동네와 라면 타운을 연출하고 있다. 라면이라는 음식을 소재로 한 대표적인 음식 테마파크다.

라면박물관은 퍼스널 노스텔지어(Personal Nostalgia)라는 대주제 하에 유(遊), 면(麵), 지(知)의 3개 하위 주제로 나누어 놀이+음식+학습을 결합하였다. 유는 1958년 변두리의 가게, 노점, 점집, 목욕탕을 에이징 기법으로 재현하여 향수를 자극하고, 노을 진 인공하늘을 통해 시간을 멈추게 하였다. 면은 대표적인 서민 음식이었던 전국 각지의 다양한 라면을 특색있는 가게에서 직접 맛볼 수 있게 하였으며, 지는 박물관 영역으로 라면의 역사와 라면에 관한 지식을 습득하게 한다.

테마성과 함께 비일상성, 배타성이 강하고, 라면의 역사와 지식을 알게 한다는 점에서 교육적 특성도 갖추고 있다. 파인과 길모어의 고객 체험의 4요소 중에서 미적 체험을 중심으로 엔터테인먼트 체험과 현실도피 체험을 강조한 곳이다.

〈표 24〉 신요코하마 라면박물관 분석

구분	항목	내용
개요	소재	라면
	주제	퍼스널 노스텔지어-어릴 적 추억과 경험
	기본이념	'어른이건 아이이건 지친 하루 일과를 마치고 편안하고 아늑한 정겨운 우리 동네로 들어선다'는 이야기를 바탕으로 서민음식인 라면과 1958년도 5시 무렵의 동네를 재현함.
	설립년도	1994년
	위치	일본 카나가와현 요코하마 시 코호쿠구 신요코하마2-14-21
	주 관람대상자	6세 이상
	건물구조	지하 1층, 2층, 지상 1
	박물관형태	독립형
연출 방식	원천소스/모티프	· 퍼스털 노스텔지어(Killer Desire): 회상, 향수, 맛
	주제 연출, 체험 연출, 콘텐츠	· 전시 주제: 유(遊), 면(麵), 지(知) - 유(遊): 놀이(각종 가게 및 환경 연출) 지하 2층 노점, 막과자 가게 '저녁 놀 상점', 담배가게 '해 탓상점', 운세, 제비 점, 홈런 베이커리, 파출소(사실은 엘리베이터), 목욕탕(사실은 계단), 지하 1층 - 면(麵): 라면 먹기(라면 타운) 이데 소요텐, 시나소바야 라면, 게야키, 류상하이 혼텐, 하치야, 하루키야, 후쿠짱 라멘, 고무라사키, 우유라면 지상 1층 - 지(知): 박물관 라면의 역사, 라면 사전, 라면 미니 지식

구분	항목	내용
	공간환경연출	·외부: 주차장을 개조한 곳이라서 겉으로 보기엔 평범한 사무용 건물처럼 보인다. 라면 형태의 조형물을 건물에 드리워 상징성을 드러낸다. ·내부: 1층의 박물관과 숍, 지하 2층의 라면 타운, 지하 1층의 주택가로 구성되어 있다. 노을이 진 저녁 무렵을 시간적 배경으로 하고 서민동네를 공간적 배경으로 하여 분위기를 연출하기 위하여 조형물, 건축물, 소품 등을 설치하였다.  〈라면박물관 외관〉  〈라면박물관 내부〉
테마파크적 특성	테마성	·퍼스널 노스텔지어-이와오카 요지 관장의 어릴 적 추억을 경험하도록 시간적 배경을 1958년으로 오후 5시로 옮기고, 공간적 배경은 당시의 서민 동네로 설정하여 향수를 공유하도록 함. ·만담, 동화구연, 어릴 적 가게, 장난감, 소품, 골목 등을 눈에 띄게 배치하여 테마성을 느끼도록 함. ·에이징 기법과 천공 스카이 피처 프로그램을 통한 시각자극, 옛날 일본 대중음악을 통한 청각 자극, 일본 9개 지역의 주요 라면 판매를 통한 후각 및 미각 자극
	비일상성	·시공간적인 연출을 통해 과거세계에 온 듯한 비일상적 성격을 부여함
	배타성	·인공 실외를 실내에 조성하여 외부에 숲이나 나무가 조성되지 않았음에도 강한 배타성이 느껴짐
	통일성	·조명, 건축물의 질감 등에 낡은 분위기를 조성하고 조명에는 면발모양이 디자인되어 있어 통일성을 줌

구분	항목	내용
	상호작용성	· 일반적이고 수동적인 전시 관람을 통한 아날로그 상호작용
	체험성	· 시각, 청각, 후각, 미각을 동시에 자극하는 공감각 체험
	탐구성	· 천천히 거닐면서 옛날 골목의 정취를 느낌
	교육성	· 라면의 역사, 라면의 종류에 대해 이해

생텍쥐베리 어린왕자뮤지엄 분석에 삽입된 이미지자료들은 직접 촬영한 사진을 첨부함.

3. 관람후기

지금까지 조사대상인 키즈 프라자 오사카, 온타리오 과학관 키즈 파크, 삼성어린이박물관, 국립과천과학관 내 어린이탐구체험관과 소설과 작가의 생애 그리고 환경연출이 결합된, 생텍쥐베리 어린왕자뮤지엄, 개인적 향수와 환경연출이 결합된 신요코하마 라면박물관을 대상으로 어린이 과학관과 박물관의 주제, 특징, 콘텐츠, 전시체험매체, 공간환경연출, 운영서비스연출, 테마파크적 특징 등을 살펴보았다. 여기에서는 일반적인 분석의 결과와 파인과 길모어의 고객체험의 4요소가 테마파크적 특성과 맞물려 어떻게 적용되고 있는지를 파악한다.

1) 주제연출 및 전시구성

(1) 주제연출

키즈 프라자 오사카, 온타리오 과학관 키즈 파크, 삼성어린이박물관, 국립과천과학관 내 어린이탐구체험관은 디즈니식 테마파크의 주제연출처럼 원형스토리에서 모티프를 착안한 것이 아니라 어린이의 대표적인 욕망에서 모티프를 찾아내고 그것을 기초 과학원리와 결합하여 주제화하였다. 신요코하마 라면박물관은 같은 방식으로 어른의 대표적인 욕망인 회상, 향수를 라면맛과 결합하여 주제화하였다.

이에 반해 생텍쥐베리 어린왕자뮤지엄은 소설 어린왕자(The Little Price)의 이야기, 문구, 캐릭터, 공간적 배경, 그리고 작가 생텍쥐베리의 생애, 주변인물, 작업 공간, 좋아했던 공간 등을 결합하여 환상과 과거를 결합하여 주제화하였다. 특히 소설 어린왕자에 나오는 문구인 "가장 중요한 것은 눈에 보이지 않는 법이야."와 생텍쥐베리가 어린 시절부터 주변을 거닐면서 새로운 것과 신기한 것을 찾아다니기를 좋아했다는 것에 착안, 관람객들도 박물관에서 마치 생텍쥐베리가 된 듯 체험하게 하였고, 걸어가면서 새로운 것을 발견한 것과 같은 체험(캐릭터 조형물, 정원, 개방되지 않은 전시공간)을 할 수 있도록 하였다. 모티프와 주제부분만 정리하면 다음과 같다.

〈표 25〉 사례들의 주제설정

사례	모티프	주제
키즈 프라자 오사카	미지, 도전, 파워	체험하며 배우기(Learning by Doing)
온타리오 과학관 내 키즈파크	도전, 변신	아이의 호기심을 자극해라 (Spark your child's curiosity)
삼성어린이박물관	미지, 도전, 파워	탐구와 표현
국립과천과학관 내 어린이탐구체험관	미지, 도전, 파워, 변신	과학에 대한 호기심과 흥미 유발
신요코하마 라면박물관	회상, 향수, 맛	개인 향수(Personal Nostalgia)
생텍쥐베리 어린왕자뮤지엄	어린왕자이야기+ 생택쥐베리의 생애	보이지 않는 중요한 것 찾기(The thing searching which is important is notvisible)

(2) 전시구성

4개 어린이 과학관의 전시구성은 그 내용에 있어서 주제를 바탕으로 하여 기초과학원리 이해를 중심으로 사회, 신체, 예술 등 다른 분야와의 결합을 통해 놀이와 다양한 경험을 유도하여 어린이의 욕구 충족과 과학학습을 함께 하고 있다.

신요코하마 라면박물관은 라면을 소재로 환경연출과 음식을 결합한

이터테인먼트(Eatertainment)로 어릴 적 먹던 빵, 과자, 놀이, 점집, 목욕탕 등의 부가적인 요소를 첨가하여 테마성이 강한 전문박물관이다. 유, 면, 지라는 세 가지 중주제 하에 관람하고 체험할 수 있게 하였다.

생텍쥐베리 어린왕자뮤지엄은 실외와 실내로 구분되는데 실외는 소설 어린왕자에 등장하는 여러 캐릭터들에서 모티프를 따서 길이나 정원, 마을을 조성하였고, 까페나 레스토랑은 생텍쥐베리가 자주 다니고 생활했던 도시를 중심으로 조성하였다. 실내의 경우는 그의 탄생부터 사망에 이르기까지의 생애를 중심으로 연대기적인 구성과 함께 어린왕자의 극적인 부분을 감상할 수 있는 영상으로 구성되어 있어 '어린왕자=생텍쥐베리=관람객'이라는 등식이 성립하도록 하였다.

위에서 제시한 6개의 공간들은 대주제 하에 중주제, 소주제로 이어지는 경우도 있고, 대주제 하에 바로 소주제, 즉 전시물로 바로 이어지는 경우도 있다. 전자는 하나의 중주제에 다룰 내용이 많은 경우로 4개의 어린이 과학관과 신요코하마 라면박물관이 이에 해당하고, 후자는 대표적인 하위 주제만 뽑아서 구성하거나 플롯 하나하나를 도출해 내어 주제화한 경우로 생텍쥐베리 어린왕자뮤지엄이 그 예이다. 주제에 따른 전시구성은 다음과 같다.

〈표 26〉 사례들의 전시구성

<table>
<tr><th>사례</th><th>주제</th><th>전시구성</th><th>비고</th></tr>
<tr><td rowspan="4">키즈
프라자
오사카</td><td rowspan="4">체험하며
배우기</td><td>·직접 해 보자(체험): 과학
- 신체 zone
- 액티브 zone
- 자연 zone
- 과학 zone
- 커뮤니케이션 zone</td><td rowspan="4">·4가지 전시영역 중 '직접 해 보자'만 과학과 관련
·대주제〉중주제〉소주제로구성</td></tr>
<tr><td>·함께 놀자(놀이): 역할놀이</td></tr>
<tr><td>·만들어 보자(만들기): 공방</td></tr>
<tr><td>·환영 존: 볼 서커스</td></tr>
</table>

사례	주제	전시구성	비고
온타리오 과학관 내 키즈파크	아이의 호기심을 자극해라	·놀이 ·만들기 ·흐름 ·쇼핑 ·노래 ·활동	·6가지 전시영역 중 활동영역을 제외하고는 모두 과학과 관련 ·대주제〉중주제〉소주제로구성
삼성어린이 박물관	탐구와 표현	·직업 및 문화예술 체험 ·원리 이해 ·교류	·3가지 전시영역 중 3층 '원리이해'만 과학과 관련 ·대주제〉중주제〉소주제로구성
국립과천과학관 내 어린이탐구 체험관	과학에 대한 호기심과 흥미 유발	·자연과 에너지 ·꿈꾸는 어린이 ·미래를 향하여	·3가지 전시영역 모두 과학과 관련 ·대주제〉중주제〉소주제로구성
신요코하마 라면박물관	개인 향수	·유(遊): 놀기 ·면(麵): 먹기 ·지(知): 알기	·3가지 영역 모두 주제와 연관되어 음식 테마파크를 구성 ·대주제〉중주제〉소주제로구성
생텍쥐베리 어린왕자뮤지엄	보이지 않는 중요한 것 찾기	·실외: 캐릭터 길 ·실내: 생애,어린왕자스토리	·2가지 영역 모두 주제와 연관되어 문학 테마파크를 구성 ·대주제〉소주제로 구성

(3) 전시물

4개의 어린이 과학관은 hands-on, 체험, 참여 등 직접 조작하고, 만지고, 들어보고, 냄새맡고, 타보고, 실험해보는 적극적 체험전시물이 대부분이며 과학과 관련된 것을 만들거나 게임을 하거나 퀴즈를 푸는 등 각종 프로그램에 참가하는 능동적 체험을 하도록 유도한다. 어린 연령대일수록 아직 글을 잘 모르거나, 글을 알더라도 의미 파악이 힘들며, 전시 패널을 이용한 읽기 위주의 전시는 과학원리를 이해하기가 어렵다. 그래서 4개의 어린이 과학관은 복잡하고 긴 설명을 제외하고, 짧은 전시제목이나 지시문을 통해 전시물이 무엇인지 알리고, 체험을 통해 즐겁고 흥미롭게 놀이하듯 과학을 이해하도록 한다. 저 연령 어린이들은 '내가 지금 과학학습을 하고 있구나'로 느끼는 것이 아니라 여러 체험물들을 접하면서 마치 놀이터에 서 신나게 놀듯이 즐기고, 신기한 것을 발견한 듯 몰입한다. 그래서 어린이 과학관은 어린이놀이공간, 어린이탐구체험관으로 불리기도 한다.

또한 미취학 어린이를 대상으로 하는 전시매체는 과학원리를 소재로 한다고 해서 첨단매체만을 쓰지 않는다는 점이다. 어린아이들은 첨단매체의 작동을 어려워하기 때문에 직접 손으로 조작해보거나 몸을 이용한 아날로그 체험이 주를 이루고, 부분적으로 첨단 디지털 매체를 사용한다. 대표적인 것이 3D나 4D입체영상관으로 적극적인 체험보다는 소극적인 체감을 하게 된다. 초등학교 고학년 이상의 어린이를 관람대상으로 하는 과학관의 경우에는 아날로그 매체와 디지털 매체가 비슷하거나 후자가 더 많은 편이다. 신요코하마 라면박물관이나 생텍쥐베리 어린왕자뮤지엄의 경우 대부분 아날로그 매체로 전시되어 있다. 후자의 경우엔 사람들이 적극적인 체험을 하는 것이 거의 없음에도 감동한다.

결국 어떤 매체를 적용하느냐 하는 것은 전달하고자 하는 주제와 메시지, 그리고 관람 대상에 따라 좌우된다고 하겠다.

(4) 전시공간

4개의 어린이 과학관 전시공간은 개방적으로 연출되어 있다. 전시주제별로 공간의 구분을 두어 차단하지 않고, 커다란 하나의 공간에 전시물이 놓여져 있고, 자유롭게 걷거나 뛰어다니면서 체험한다. 실험실이나 이벤트실 등은 독립적으로 운영되기도 하지만 유리를 활용하거나 밖에서도 입구가 보이게 하여 트인 공간으로 만들었다. 이것은 어린이의 놀이터처럼 제약없이 마음대로 체험하기에 적합하게 만든 것이다.

전시주제는 공간에서 물리적으로 조닝되는데 생텍쥐베리 어린왕자뮤지엄의 박물관처럼 연대기순으로 구성되기도 하고, 그 외 5가지 공간에서와 같이 중주제나 소주제들이 대주제를 중심으로 방사형으로 구성되기도 한다.

그리고 공간의 구성은 주출입공간-이동유도공간-전시공간-서비스휴식공간-사무관리공간으로 구성된다. 주출입공간은 전시주제를 단적으로 보여주는 곳으로 강한 인상을 준다. 그러나 삼성어린이박물관이나 국립과천과학관 내 어린이 박물관의 주출입공간은 그런 특징이 반영되어 있지 않다는 점이 아쉽다. 서대문자연사박물관의 경우 들어서면 중앙홀에 거대한 공룡뼈가 있어서 어린이들에게 호기심을 자아내고 자연사를 알려주는 곳임을 감지하게 한다. 키즈 프라자 오사카의 경우는 '어린이의 거리'라는 조형물이자 신체놀이공간이 과학관의 특징을 단적으로 대변한다. 생텍쥐베리 어린왕자뮤지엄은 B612 조형물과 알록달록한 비누방울이, 신요코하마라면박물관에서는 큰 캐릭터가 상징적인 기능을 한다.

이동유도공간은 한 공간에서 다른 공간으로 이동하는 진행공간이자 동선의 흐름을 유도하는 곳으로 각 공간간의 괴리감을 없애고 자연스럽게 연결되도록 한다. 6개 공간은 모두 개방형이므로 어린이들이 이동유도공간이라는 것을 특별히 인식하지 않고 물 흐르듯 이동한다. 이러한 방식은 다음 체험에 대한 기대감을 증폭시키고, 체험을 원활하게 해 준다.

전시공간은 주제가 확실하게 드러나는 핵심 공간이다. 4개의 과학관은 기초과학원리의 이해를 목표로 자연에너지, 신체, 물리 등으로 세분화해서 과학능력발달, 신체발달, 사회성발달, 예술성발달을 도모하였다. 목표와 주제는 있지만 스토리를 기반으로 하지 않고, 전시물 위주로 하였기 때문에 미취학 어린이들이 전체적인 맥락을 이해하기엔 무리가 따른다. 체험식 전시만이 어린이에게 학습효과가 뛰어나다고 보는 것에 한계가 있다는 것이 바로 이점에서이다. 실제로 어린이 과학관에 가서 어린이들이 체험하는 모습을 지켜보면 체험자체를 즐기는 경우가 많다. 튀어나온 버튼을 눌러보고, 자전거가 있으면 타보고, 조이스틱이 있으면 조작해 보고, 그 결과에 표정의 변화가 있지 하나하나의 체험물에 어떤 과학이 숨어 있는지를 어린이들이 아는지 모르는지의 여부는 연령대마다 차이가 있고 조작 중심의 체험만으로는 불가능하다. 해설가의 설명이나 텍스트 및 그래픽 패널의 도움, 그리고 PDA와 같은 시스템의 도움과 함께할 때 이해도가 높아진다.

이에 반해 신요코하마 라면박물관이나 생텍쥐베리 어린왕자뮤지엄은 과학관의 체험공간과는 다른 양상을 띠지만 전체적인 맥락을 이해하기에 훨씬 유리하다. 전시물보다는 주제에 따른 공간환경의 재현과 분위기 연출에 집중했기 때문이다. 그 밖에도 전시공간은 주제와 관람대상에 맞는 색채, 조도, 눈높이, 사인 등을 사용하여 몰입감을 높인다.

서비스휴식공간은 프로그램이나 실험, 세미나, 강의 등의 교육 공간과 까페, 레스토랑, 휴게실, 기념품 숍이 여기에 해당한다. 휴게공간의 경우 어린이는 그 특성 상 별도의 휴게공간이 없어도 전시공간에서 아무데서나 쉬기도 하지만, 체력적으로 힘이 들거나 부모를 위해서 휴게공간은 꼭 필요하다. 국립과천과학관 내 어린이탐구체험관은 '생각하는 나무'라는 공간을 두고 있는데 전시체험공간이자 휴식의 공간을 자연스럽게 만들어 놓은 것이 인상적이다. 어린이들에게는 별도의 휴식공간에 들어가지 않더라도 전시체험 중에 편안하게 쉴 수 있는 공간이 마련되었기 때문이다. 삼성어린이박물관은 '어린이방송국: 방송 원리 이해'를 위한 공간을 별도로 두어 방송 원리 이해 외에 다양한 프로그램을 운영한다. 휴게공간은 곳곳에 편안한 의자를 배치하는 것 외에 까페나 레스토랑을 두어 식음을 즐길 수 있도록 하였다. 그러나 까페나 레스토랑이 아예 없고 도시락을 먹을 수 있는 작은 공간만 있는 곳도 있다. 이러한 점에서 4개의 과학관을 제외한 2개의 박물관이 시사하는 바가 크다. 먹는 체험 자체가 휴식인 라면박물관, 까페나 레스토랑에서 식음을 하면서 생텍쥐베리가 되어 보는 체험은 의미가 크다.

사무관리공간은 직원들을 위한 공간으로 비현실성을 높이기 위해서는 눈에 띄지 않는 곳에 있어야 하고, 관람객의 체험이나 감상에 방해받지 않도록 조성되어야 한다. 이러한 점에서 6개의 공간은 사무관리공간을 최상위층에 두거나 최하위층의 구석진 곳에 두었다.

2) 동선체계

4개의 어린이 과학관과 신요코하마 라면박물관은 개인적 흥미와 호기심에 따른 자유로운 관람 형태를 띠므로 독립 관람 동선으로 설계되어 있다. 생텍쥐베리 어린왕자뮤지엄은 주출입구부터 박물관까지 주욱 연결되어 있어 '지리학자의 길'과 '점등부의 광장'을 지나야만 박물관으로 입장할 수 있게 되어 있다. 박물관 내에서도 연대기적 순서에 따라 강제동선을 띠고, 박물관 관람 후 부터의 외부공간은 비교적 자유롭게 관람할 수 있는 독립 관람 동선의 형태를 띤다. 즉, 생텍쥐베리 어린왕자뮤지엄은 두 가지 동선 체계가 혼합되어 있다.

이것은 원형스토리가 있는 전시와 그렇지 않은 전시의 차이, 그리고 주 관람대상의 특징에 따른다고 할 수 있겠다.

3) 관람 반응

관람객은 관람 시에 색이 화려하거나 독특하게 연출된 전시물에 먼저 다가가고, 많은 관심을 보인다. 때때로 특정한 전시물에만 관람객이 몰리는 현상이 발생한다.

관람 시 최대한 가까이 다가가고 모든 신체를 활용하려 한다. 어린이 과학관의 경우 어린이의 특징 상 자유로운 자세를 취하며 제약 없이 관람하고, 별다른 휴식공간 없이 아무데서나 쉬기도 한다.

미취학의 저연령 어린이를 대상으로 하는 곳일수록 텍스트 기반의 전시 패널은 적고, 대부분 체험물로 이루어져 적극적인 관람을 유도한다.

어린이는 전시를 통한 학습효과보다 전시물의 작동 자체를 즐거워하며 재미있는 결과가 나올 때 같은 행동을 반복하며 몰입한다.

어린이의 키에 맞지 않은 전시물이 있을 경우 그냥 지나치거나 짜증을 내거나 부모에게 도움을 요청한다.

어른과 달리 체험에 있어 주저함이 없다. 어른들은 적극적인 체험물이 있어도 귀찮아하거나 무심코 지나치지만 어린이들은 비체험물에도 적극성을 띤다.

이런 측면에서 신요코하마 라면박물관이나 생텍쥐베리 어린왕자뮤지엄처럼 주관람 대상을 어린이와 가족을 동시에 하여 부모인 어른이 단지 어린이를 보호하는 입장에만 머무르지 않고, 함께 즐길 수 있는 전시연출과 공간구성이 필요하다.

4) 테마파크적 특성

4개의 어린이 과학관은 어린이를 주요 관람 대상으로 하는 고객지향적 과학관으로 복잡한 조작이나 수동적인 관람보다는 호기심을 유발하는 체험전시물과 어린이들이 좋아하는 놀이터와 같은 공간으로 조성되었다. 2개의 박물관에도 능동적인 체험요소가 있지만 일반적인 전시 관람의 형태가 차지하는 비중도 꽤 크다.

여기에서는 6개 공간이 파인과 길모어의 고객 체험의 요소 중 어느 부분에서 두드러진 특징이 나타나는지를 파악하여 테마파크적 특성에 대입하여 본다.

평가는 '◎ 아주 강함, ○ 강함, △ 보통, X 없음'의 4개의 범례로 나누었다. 전시 내용, 환경, 운영서비스가 각 특성에 따라 얼마나 적합하게 연출되고 있는지에 따라 100%를 기준으로 했을 때 '◎ 아주 강함'은 각 항목의 특성이 가장 강하게 드러나 75%를 넘는 경우이고, '○ 강함'은 75% 전후로 비교적 특성이 잘 드러나는 경우이고, '△ 보통'은 50% 전후로 부족한 경우, 'X 없음'은 25% 전후로 해당 특성이 거의 드러나지 않는 경우로 표기하였다.

〈표 27〉 사례들의 주제설정 (◎ 아주 강함, ○ 강함, △ 보통, X 없음)

사례	고객 체험 요소			테마파크적 특성							
구분	에듀테인먼트체험	비일상적 체험	미적 체험	테마성	비일상성	배타성	통일성	상호작용성	체험성	탐구성	교육성
키즈 프라자 오사카	◎	◎	◎	○	◎	○	○	◎	◎	◎	◎
온타리오 과학관 내 키즈파크	◎	○	○	○	○	○	○	◎	◎	◎	◎
삼성어린이 박물관	◎	○	△	○	○	X	○	◎	◎	◎	◎
국립과천과학관 내 어린이탐구체험관	◎	△	△	○	△	X	○	◎	◎	◎	◎
신요코하마 라면박물관	△	◎	◎	◎	◎	◎	○	◎	◎	△	△
생텍쥐베리 어린왕자뮤지엄	△	◎	◎	◎	◎	◎	◎	○	△	X	△

<표 27>에서 보듯 4개의 어린이 과학관은 에듀테인먼트 체험과 관련되는 교육성, 탐구성, 체험성, 상호작용성에서 강한 특징을 보이고 있고, 2개의 박물관은 미적 체험과 비일상적 체험에 해당하는 테마성, 비일상성, 배타성에 강한 특징을 보인다.

이렇게 볼 때 가장 만족스러운 공간은 고객 체험의 요소와 테마파크적 특성 모두에서 '아주 강함'의 특징이 나타나야 함을 알 수 있다.

다음 장에서는 사례분석의 결과를 바탕으로 원형스토리를 바탕으로 한 어린이 과학관을 기획설계해 본다. 원형스토리와 기초과학에서 주제를 추출하고, 주인공이 순차적으로 접하게 되는 공간을 전시영역으로 설정하며, 캐릭터의 행동과 욕망을 어린이의 욕망에 대입하여 과학 및 기타 영역이 결합되어 통합능력을 기르는 전시 콘텐츠를 연출한다.

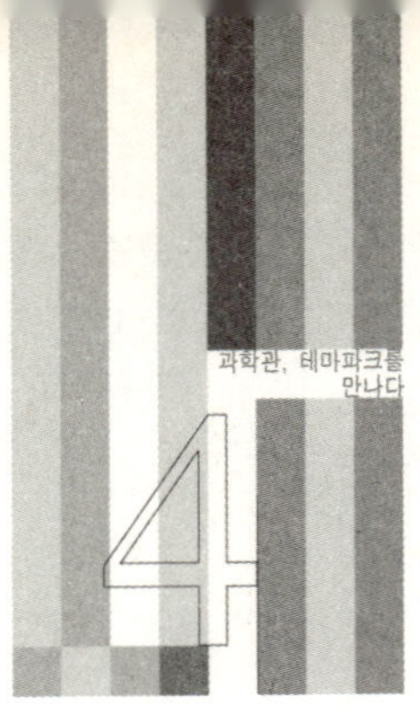

과학관, 테마파크를 만나다

여기에서는 테마파크형 어린이 과학관의 기획설계를 제시한다. 기획설계의 프로세스는 환경 분석-사례 분석-소재 분석-개념 도출-주제 설정-세부연출 및 스토리텔링의 과정을 거치는데 사례분석은 3부에서 실시하였고, 이해를 돕기 위해 처음에 어린이 과학관 계획 배경을 추가하여 소개한다.

환경 분석은 어린이 과학관이 건립될 곳의 자연 환경, 인문 환경, 사회 환경을 분석하여 대상지를 소개하고, 주 관람 대상을 선정하고 추진 방향을 정한다.

소재 분석은 5W1H의 방법으로 어떤 내용을 어떻게 다룰 것인지에 관한 전시 내용에 해당하는 부분을 분석한다.

이상의 분석을 통해 과학관의 개념을 전략 · 기법 · 유형 · 운영의 4가지 측면에서 도출한다.

개념 도출에 이어 과학관의 브랜드라고 할 수 있는 대주제를 설정한다. 대주제는 한 문장으로 표기되는데 서브 주제를 설정하기도 한다. 대주제에 따른 하위 주제를 정하는데 이것은 물리적인 조닝이 된다. 조닝에 따른 콘텐츠 구성을 하고 동선을 설계하는 과정으로 프로세스를 제안한다.

1. 테마파크형 어린이 과학관 계획 배경

앞에서 소개한 이론을 바탕으로 어린이 과학관을 기획해 보는데 과학관의 명칭을 '코즈의 과학나라'로 명명하였다. '코즈의 과학나라'는 과학 전시물 중심의 전시가 아니라 기초과학 중 바람 · 물 · 불과 인간의 신체를 소재로 한 놀이, 체험, 학습이 어우러진 5세에서 초등2학년까지의 어린이를 대상으로 하는 과학관이다.

본 과학관은 테마파크의 스토리텔링 방식을 적용하여 성공한 콘텐츠(Killer-contents)인 동화 '오즈의 마법사'와 미지의 세계를 탐험하고 싶어 하는 어린이의 꿈인 어린이의 욕구(Killer-Desire)를 결합하였다. 스토리의 모티프는 1900년 프랭크 바움(L.Frank Baum)의 원작 동화 '오즈의 마법사(The Wizard of Oz)'에서 차용하였다.[51] 동화 '오즈의 마법사'의 줄거리는 다음과 같다.

도로시라는 한 소녀가 캔자스시티의 집에서 에메럴드 시티가 있는 환상의 세계까지 겪는 모험을 시간 및 공간 순으로 전개된다. 도로시와 개 토토는 회오리바람에 휩쓸려 이상한 나라에 불시착하게 되는데 맨 처음에 도착한 곳은 소인들이 사는 먼치킨시티다. 집으로 돌아가기를 원하는 도로시에게 착한 마녀는 오즈가 사는 에메럴드 시티에 가서 부탁해야 돌아갈 수 있다는 말을 듣고 노란 길을 따라 여행을 시작한다. 여행 중에 도로시는 생각할 수 있는 뇌를 갖고 싶어 하는 허수아비, 심장을 갖고 싶어 하는 양철인간, 그리고

51 동화 '오즈의 마법사'는 총 14편이 만들어졌다. 초판의 매진에 이어 영화 '오즈의 마법사'가 1925년에 무성영화로 최초로 만들어졌고, 1939년에 두번째, 1985년에 '오즈로의 귀환(Return to OZ)', 그리고 2007년에 미국 드라마 '틴맨'이 만들어졌다. 가장 성공한 영화 '오즈의 마법사'는 1939년에 제작된 것이다. 애니메이션으로는 1980년 일본과 캐나다에서 공동 제작한 TV용이 있다. 이 외에도 오즈의 마법사는 뮤지컬로도 많이 공연되었다. 1970년도에 테마파크로 만들어졌으나 1980년 문을 닫았다. 최근에 유니버설 스튜디오 재팬에 오즈의 마법사가 만들어졌는데 회전목마와 공연 콘텐츠를 제공한다. 동화 '오즈의 바법사'의 작가 L. 프랭크 바움은 1918년 5월 사망하였으므로 동화 '오즈의 마법사'를 소재로 할 경우 사후 50년이 지나 저작권 보호기간에 포함되지 않으므로 자유롭게 2차 저작물을 만들 수 있다.

용기를 얻고 싶어 하는 겁쟁이 사자를 만나게 되고 그들과 함께 에메럴드 시티로 향한다. 여행길에서 갖가지 위험을 만나게 되는데 세 친구들과 함께 용기로 헤쳐 나간다.

마침내 에메럴드 시티에 도착한 도로시 일행은 오즈에게 소원을 들어달라고 부탁하지만 오즈는 서쪽마녀를 물리치고 지팡이를 가지고 와야만 들어준다고 한다. 도로시 일행은 마녀가 사는 성으로 가서 마녀를 물리치고 오즈를 만나게 되지만 오즈는 평범한 사람이 만든 가상인물이었다. 그는 허수아비에게 왕겨로 만든 뇌를, 양철인간에게는 심장모양 시계를, 그리고 사자에게는 용기라고 적힌 목걸이를 준다. 그들은 각자 소원이 이뤄졌다고 생각하고 기뻐한다. 마법사는 기구를 태워 도로시를 고향으로 보내려고 했지만 실수로 혼자 날아가 버리고 만다. 도로시는 처음에 만났던 착한 마녀 글린다의 도움으로 캔자스시티로 돌아가게 된다.

이야기에서 알 수 있듯이 '오즈의 마법사'는 자연현상으로 인한 이계(異界)공간으로의 진입, 모험적 요소, 임무수행, 마법이라는 흥미롭고 호기심을 유발하는 요소가 과학과 일치한다고 생각하여 본 과학관에 적용하였다.

과학관의 이름은 관람객인 어린이가 과학관의 주인공임을 나타내기 위하여 '오즈'라고 그대로 명명하지 않고, 'Kids'와+'Oz'를 결합하여 '코즈(KOz)'라고 명명하였다. 테마파크가 1인칭 시점임에 착안, 과학관의 이름에 적용하였다.

동화 '오즈의 마법사'는 가족극이자 환타지물로 세대구분 없이 즐길 수 있는 콘텐츠라는 점, 다양한 캐릭터의 등장, 선악의 대립, 만화적 건축과 환경, 어린이가 좋아하는 색채의 도입, 토네이도를 기준으로 한 내외부의 경계, 바람 · 물 · 불 등의 자연에너지, 심장 · 두뇌 등의 신체, 마녀 캐릭터의 등장으로 인한 마술의 도입 등 여러 요소에서 어린이 과학관에 테마파크적 성격을 부여하기에 적합하다고 판단하여 선택하였다.

이러한 요소들을 바탕으로 과학과 동화가 결합된 복합형 어린이 과학관을 설계한다. 과학학습놀이를 중심으로 신체놀이, 역할놀이, 관찰놀이, 협동놀이를 할 수 있도록 구성하고, 오감을 자극하는 체험물을 배치하여 호기심과 탐구심, 그리고 상상력의 자극으로 즐겁고 쉽게 과학원리를 이해하는 장이 되도록 한다.

2. 테마파크형 어린이 과학관 설계하기

1) 환경분석

'코즈의 과학나라'는 '북서울 꿈의 숲'의 입구 주차장 위쪽 부지를 가상 대상지로 한다. '북서울 꿈의 숲'은 전망대, 미술관, 문화센터, 공연장, 연못, 잔디광장, 단풍숲, 테마정원 등으로 현재 조성되어 있다. 1단계는 2009년 10월에 완공되었고, 2단계는 2013년까지 완공된다.

'북서울 꿈의 숲'은 낙후한 놀이공원 '드림랜드'와 그 인접 부지를 서울시에서 매입하였다. '드림랜드'는 1987년 개장하였는데 0.5㎥(약 14만평)의 면적에 야산과 숲이 어우러져 있고, 각종 놀이시설과 휴게시설, 그리고 수영장 등이 있었다. 봄과 가을에는 초・중학교의 소풍 장소로도 이용되었고, 야외결혼식장도 있었으며 입장객 수는 일주일에 약 5만명 정도였으나 재정난으로 2008년 문을 닫았다. 이에 '생활 속 나들이 공원'이라는 개념으로 대형공원이 전무한 지역에 녹지공원을 제공하고, 주민의 삶의 질 개선과 강북지역 환경 개선을 위해 '북서울 꿈의 숲'을 조성하기로 한 것이다.

(1) 자연환경

① 위치와 면적

서울시 강북구 번동 산 28-6번지 드림랜드 일대에 위치한다. 면적은

89만 2769㎡로 보라매공원(42만㎡)의 2배가 넘고 어린이대공원(56만㎡)의 1.6배에 이른다.

② 접근성

강북구와 성북구의 중심에 있으며, 노원구, 중랑구, 동대문구에서도 접근성이 뛰어나다. 각종 버스와 지하철 1·4·6호선, 경전철(우이~신설 노선, 동북노선)개통, 미아로·월계로 등 교통이 편리하여 접근성이 뛰어나다.

소요시간은 지하철의 경우 6호선 성북구 돌곶이역에서 10분, 4호선 미아역 및 미아삼거리역에서 5분, 1호선 월계역 및 성북역에서 15분이 소요된다. 2017년 서울 지하철 12호선인 동북선 경전철이 개통되면 [그림 11]과 같이 북서울 꿈의 숲 바로 앞에 도착하여 1분도 걸리지 않는다. 버스의 경우는 성북구 돌곶이역에서 6분, 미아역 및 미아삼거리역에서 10분 정도 소요된다. 그리고 중랑천과 우이천간에 자전거도로가 2010년에 개통되면 자전거로 5~10분정도가 소요된다.

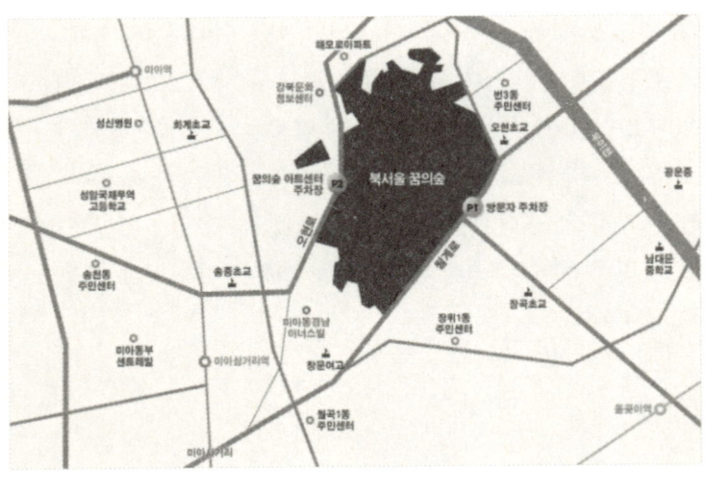

[그림 11] 북서울 꿈의 숲 위치

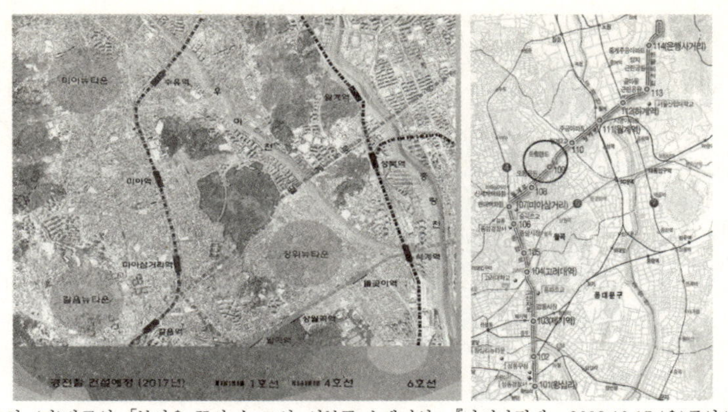

출처: (좌)박종일, 「북서울 꿈의 숲 조성, 성북구 수혜지역」, 『아시아경제』, 2008.10.17,(우)중앙일보조인스랜드 http://www.joinsland.com)

[그림 12] 북서울 꿈의 숲 지하철 및 동북선 경전철 현황

③ 지형지세

강북구는 서울의 동북단에 위치하고 있으며 동쪽은 노원구, 도봉구, 서쪽은 경기도 고양시, 남쪽은 성북구, 북쪽은 경기도 양주시, 도봉구와 경계를 이루고 있다. 구 전체면적은 23.61㎢로 그중 공원녹지지역이 12.922㎢로 구전체면적의 54.8%를 차지하고 있다. 드림랜드 부지는 이들 지역으로 둘러싸인 지형으로 청정하고 수려한 자연환경을 가지고 있고, 성북구에 더 가깝다.

강북구에는 금강산, 지리산, 묘향산, 백두산과 함께 오악의 하나인 삼각산이 있는데 아름다운 봉우리과 수십 개의 깨끗한 계곡이 있어 6개구뿐만 아니라 인접 지역 시민들의 휴식처이자 관광 명소이다.

지형적으로는 서부산지, 중앙저지, 동부산지로 구분되며 오패산을 남북으로 가로지르는 오현로가 있다. 낙후지역이었으나 장위뉴타운, 길음뉴타운 등 지역의 재개로 인하여 경제적 가치가 상승하고 있다.

출처: 진용득, <녹슨 드림랜드 역사 속으로, 북서울의 꿈의 숲으로 재탄생>, 서울특별시 시정소식 보도자료, 2008.10.20

[그림 13] 북서울 꿈의 숲 지형

출처: 여성신문, <북서울 꿈의숲 식목일 기념 식수행사>, 여성신문, 2009.03.27

[그림 14] 현재의 북서울 꿈의 숲

(2) 인문환경

① 문화 공간

6개 구에는 현재 과학관이 전무하고 박물관 총 14개 미술관은 1개이다. 공연장이 28개로 문화 공간 중 가장 많은 편이고, 그 외에는 문화센터가 대부분이다. 현재 과학관은 서울 중부 지역인 종로구 국립서울과학관, 서부 지역인 영등포구 LG사이언스 홀, 금천구 행복한 i 에너지 체험관, 인천 강화도 옥토끼 우주센터, 서울 남부 지역인 경기 과천 국립과천과학관 내 어린이탐구과학관이 있으므로 북부 지역에도 지역민과 지역 어린이를 대상으로 하는 과학관이 필요하다.

다음은 6개구 문화 공간 현황이다.

〈표 28〉 6개 구 문화 공간 수(출처: 2010년 기준 6개 구청 통계자료)

구명	과학관	박물관	미술관	공연장	영화관	기타[52]
강북구	0개	1개	0개	6개	1개	12개
성북구	0개	6개	2개	10개	2개	9개
동대문구	0개	5개	0개	0개	2개	10개
노원구	0개	3개	0개	17개	2개	16개
도봉구	0개	2개	0개	4개	0개	10개
중랑구	0개	0개	0개	2개	2개	12개
합계	0개	17개	2개	39개	9개	69개

② 어린이 공원

강북구의 어린이공원은 현재까지 총 32개로 타 지역에 비해 공원면적은 협소하나 계속적으로 신규 어린이 공원을 조성하고 있으며, 기존 공원의 노후된 시설물을 연차적으로 정비하여 어린이들과 주민이 함께 어울리며 즐길 수 있는 공간을 확보 중에 있다. 대표적인 공원으로는 오동근린공원, 솔밭근린공원, 우이동 유원지 등이 있다.

성북구의 대표적인 어린이공원은 총 4곳으로 꿈나라어린이공원, 새소리어린이공원, 종암어린이공원, 길음뉴타운제1호 어린이공원 등이 있다. 그 밖의 공원으로는 개운산근린공원, 오동근린공원, 청량근린공원, 북한산국립공원 등이 있다.

동대문구의 대표적인 공원은 중랑천 체육공원 1~5공원, 배봉산 근린공원, 홍릉 수목원 등이 있다.

노원구의 어린이공원은 총 91곳으로 새로 만들어진 크고 작은 어린이

52 기타는 문화예술회관, 구민회관, 문화의 집, 복지회관, 구민체육시설, 청소년회관, 문화원 등을 포함함.

공원이 대부분이다. 그 밖의 근린공원은 총 24곳으로 타 지역에 비해 공원이 많은 편이다.

도봉구의 경우는 물방울어린이공원이 대표적인 어린이공원으로 최근에 만들어졌다. 그 밖의 근린공원은 쌍문근린공원, 발바닥공원, 방학천생태공원, 잔디공원 등이 있다.

중랑구의 경우는 용마폭포공원, 사가정공원, 망우리공원, 봉화산근린공원, 나들이 근린공원, 면목역공원 등이 있다.

종합해 보면 강북구와 노원구에 많은 어린이공원이 조성되었거나 조성 중에 있으며, 나머지 지역은 가족단위의 공원들이 대부분이다.

③ 축제 및 행사

강북구의 축제 및 행사는 대표적인 삼각산 축제, 삼각산 도당제, 삼각산 진달래 축제, 삼각산 우이령 마라톤 대회, 삼각산 국제 산악문화제 등 삼각산을 중심으로 행해지는 축제 및 행사가 대부분이고, 그 밖에 봉황각 3·1운동 재현행사, 소귀골 음악회, 한마음 콘서트 등이 있다.

성북구의 축제 및 행사는 선잠제향, 아리랑축제, 다문화음식축제, 뜨락예술무대, 산신제, 해맞이달맞이행사 등이 있다.

동대문구의 축제 및 행사로는 서울약령시 한의약 문화축제, 선농제향, 청룡문화 제, 동대문구민의 날, 숲속 토요무대, 아카시아꽃 큰잔치, 동대문 중랑천사랑 봄꽃 축제, 가을밤 숲속의 음악회 등이 있다.

노원구의 경우는 서울국제퍼포먼스페스티벌, 노원 문화의 거리 Art Festival 이 있고, 도봉구의 경우는 도봉구민 건강축제, 도봉산 가요제, 도봉산 해맞이 행사, 향제 등이 있다. 그리고 중랑구는 금요음악회, 사이버신춘문예, 시네마&뮤직페스티벌 등이 있다.

정리해 보면 강북구, 성북구, 동대문구, 도봉구는 역사와 자연환경과 관련된 축제들이 대부분이고, 노원구와 중랑구는 문화예술 중심의 축제들이 대부분이다.

(3) 사회환경

- 인구분석

〈표 29〉 6개 구 총 인구수(출처: 2011년 12월 기준 6개 구청 통계자료)

구명	남	여	총
강북구	169,568명	172,137명	341,705명
성북구	233,505명	236,468명	469,973명
동대문구	183,925명	181,561명	365,486명
노원구	295,551명	308,379명	603,930명
도봉구	183,283명	187,451명	370,734명
중랑구	212,291명	211,415명	423,706명
합계			2,575,534명

〈표 30〉 부모연령구성비와 5세~9세 연령별 인구수(출처: 6개 구청 통계자료)

구명	성인연령구성비	5세~9세
강북구	35~39세〉25~29세〉30~34세	17,030명
성북구	30~34세〉35~39세〉25~29세	26,055명
동대문구	25~29세〉35~39세〉30~34세	18,238명
노원구	40~49세〉30~39세〉20~29세	32,845명
도봉구	45~49세〉35~39세〉40~44세	20,439명
중랑구	45~59세〉25~29세〉30~34세	22,506명

- 교육환경분석

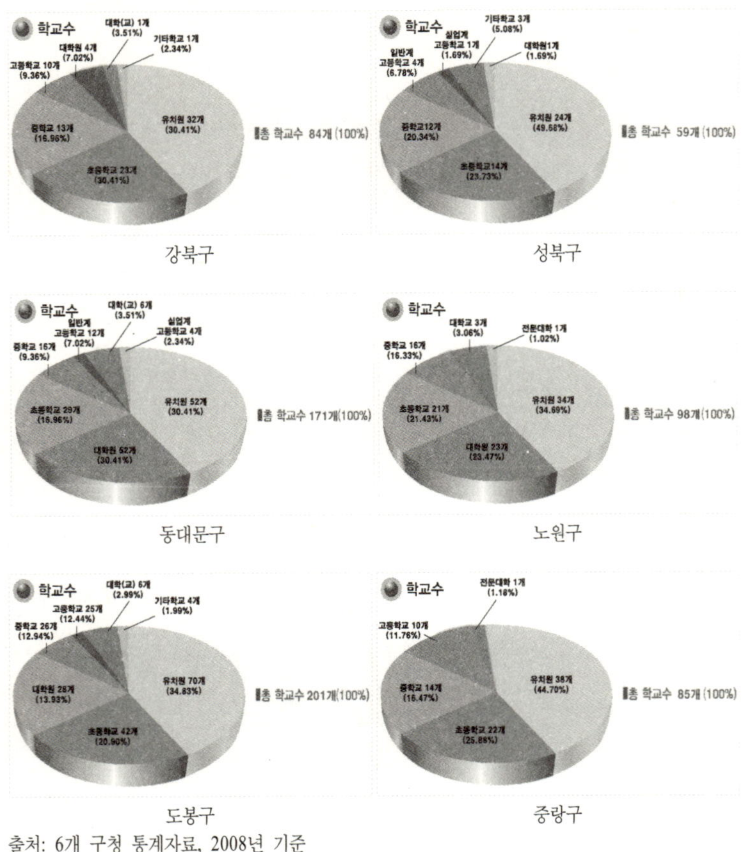

출처: 6개 구청 통계자료, 2008년 기준

[그림 15] 강북구, 성북구, 동대문구, 노원구, 도봉구, 중랑구 학교 수

인구분석 결과 강북구, 성북구, 동대문구, 노원구, 중랑구는 도봉구에 비해 젊은 부모의 비율이 높아 어린 자녀가 많을 것으로 예상되어 과학관과 같은 교육 시설의 수요가 높을 것으로 예상된다.

학교 수에 있어서 유치원과 초등학교가 차지하는 비율이 타 학교에 비해 높아 어린이들의 가족 또는 유치원, 학교, 그리고 기타 단체가 과학관을 방문할 가능성이 높다.

2) 건설 방향 도출

(1) 현황

○ 장소 특성

강북구, 성북구, 도봉구, 노원구, 중랑구, 동대문구의 중간에 위치한 드림랜드 부지는 청정한 자원을 가지고 있고, 인근 뉴타운으로 인한 재개발로 경제적 가치가 상승하고 있다.

○ 접근 특성

지하철, 경전철, 버스, 자전거 도로 등 교통이 매우 편리하다.

○ 인구 특성

젊은 부모 세대와 어린 자녀가 많이 거주한다. 어린이집이나 유치원이 많다.

○ 교육문화 특성

백화점이나 대형마트 등 소비상업공간과 학교나 학원 등 형식적 교육기관은 다수를 차지하나 박물관, 과학관, 미술관 등 비형식적 교육기관과 중대규모의 문화공간은 절대적으로 부족하다.

(2) 타겟 분석

- ○ 핵심 타깃 5~9세의 미취학 어린이 및 초등학교 저학년 어린이 개인 또는 단체
- ○ 부가 타깃 자녀의 교육에 관심이 많은 30~39세의 부모, 유치원 교사
- ○ 잠재 타깃: 일반적인 관람자

(3) 추진 방향

출처: 네이버 위성사진 http://map.naver.com

[그림 16] 코즈의 과학 나라 가상 부지

○ 어린이와 그들의 부모가 많은 지역이므로 에듀테인먼트 공간을 지향한다. 기존의 과학관과는 달리 '재미 · 놀이'를 통해 '즐거움'을 주고 과학에 대한 흥미를 자연스럽게 유도하여 상상력을 개발할 수 있는 콘텐츠로 구성하고, 체험을 통한 교육 및 과학과 문화의 소통의 장으로 놀이 · 체험 · 교육 · 쇼이벤트가 동시에 이루어질 수 있도록 한다.

○ 유연한 교육 테마파크를 지향한다.
어린이 과학관에 교육 테마파크의 개념을 적용하되 일반적인 테마파크처럼 빠르고 자극적인 콘텐츠가 아닌 어린이의 특성에 맞춰 부드럽고, 안전하며, 유연한 형태를 지향한다. 부모에게는 '오즈의 마법사'를 회상할 수 있는 기회를 준다.

○ 유물 중심이 아닌 스토리텔링 중심 공간을 지향한다.
유물을 단순히 관람하는 전시 중심이 아니라 동화 '오즈의 마법사'에서 스토리를 추출하여 극적인 플롯을 중심으로 조닝하고 주제를 연출한다.

○ 적극적으로 어린이의 신체를 활용하는 아날로그 체험과 첨단 기술의 디지털 체험을 융합한다.

어린이는 신체놀이를 좋아하므로 5가지 감각을 통한 직접적인 체험과 영상이나 시뮬레이션 체험 등 디지털 기법을 활용한 간접적 체험을 융합하여 다감각 체험을 시도한다.

○ 평일, 계절별, 주별 다채로운 교육 프로그램을 마련한다.

상설 전시장 외에 별도의 교육 프로그램을 통해 여러 번 방문해도 새로운 체험을 할 수 있도록 유도한다.

○ 박물관 교사를 적극 활용한다.

안전요원이나 안내요원의 수준이 아니라 과학실험이나 과학이해에 도움이 될 수 있도록 박물관 교사를 배치하고, 복장의 통일과 교육을 통해 어린이들이 친근하게 박물관 교사를 활용할 수 있도록 한다. 코즈의 과학나라는 도로시, 허수아비, 양철인간, 사자, 마녀, 강아지 토토 등 뚜렷한 캐릭터가 있으므로 박물관 교사에게 이들의 캐릭터 의상(Character Costume)을 착용하게 한다.

[그림 17] 캐릭터 의상

○ 실내외 복합형 어린이 과학관을 지향한다.

'북서울 꿈의 숲'의 지형은 평지가 대부분이지만 부분적으로 경사지가 있으므로 그것을 활용하여 실내외 복합형 어린이 과학관을 지향한다. 면적은 20,767.20㎡로 실외는 놀이터와 자연학습장, 실내는 과학관으로 활용한다.

3) 소재 분석

코즈의 과학나라는 5세에서 9세까지의 어린이를 대상으로 하는 전용 어린이 과학관의 부재에 착안하여 놀이+체험+교육을 아우르는 에듀테인먼트 공간을 지향하여 어려운 과학이 아니라 쉬운 과학으로 인식의 전환을 도모한다. 과학과 동화를 결합하여 테마파크 스토리텔링 기법으로 환상적인 과학공간을 연출하고, 마술과 연극 등 과학 쇼를 도입하여 다채로운 체험을 통한 과학학습의 장이 되도록 하는 것이 코즈의 과학나라의 목표이다.

이를 실현하기 위하여 5W1H의 방법으로 소재 분석을 실시한다.

- 누가(Who): 코즈의 과학나라의 주인공은 누구인가?

5~9세의 코즈들.

- 무엇을(What): 코즈의 과학나라에는 어떤 요소가 있는가?

기초과학원리를 중심으로 바람 · 물 · 불 등의 자연 에너지, 심장 · 두뇌 등의 신체탐험, 비누방울, 공, 거울 등의 물리적 현상을 마술적 요소와 결합, 숲에서의 자연관찰.

자연 에너지는 물 · 파도 · 불 · 바람 · 햇빛 · 지열 등의 천연 에너지가 운동 에너지, 위치 에너지, 열 에너지, 힘 에너지 등으로 변환되는 과정을 이해한다.

신체탐험의 경우 몸의 장기, 세포 구조, 소화 과정, 뼈 구조를 이해한다.

물리적 현상은 표면장력, 낙하원리, 회전원리, 탄성원리, 표면장력, 착시원리 등을 이해한다.

자연관찰은 작은 곤충이나 작은 동물을 관찰하고 그것들이 사는 땅속을 탐험해 보며, 나무를 타거나 흔들다리를 걷는 보는 행위를 통하여 신체의 근력과 균형감각을 이해한다.

- 언제(When): 코즈의 과학나라의 시간적 배경은 언제인가?

도로시가 꿈을 꾸기 전과 꿈 속 세상.

- 어디(Where): 코즈의 과학나라의 공간적 배경은 어디인가?

동화 '오즈의 마법사'의 공간인 현실 세계(캔자스 시티의 엠 숙모의 농장)와 환상세계.(먼치킨 시티, 세 친구를 만나게 되는 숲속, 에메럴드 시티, 마녀의 성 등 비일상적 동화 속 공간)

- 왜(Why): 코즈들은 왜 과학 나라로 가야 하는가?

미취학 어린이인 코즈들에게 어렵지 않고, 쉽고 즐겁게 과학을 이해시켜 호기심과 상상력을 자극하고, 힘을 합쳐 임무를 수행하는 협동심을 키우기 위함.

- 어떻게(How): 어떻게 과학을 체험할 것인가?

신체를 활용하는 아날로그 체험, 영상, 그리고 첨단기술을 활용한 디지털 체험을 결합한 교육 테마파크.

4) 개념 도출

소재 분석을 통한 코즈의 과학나라의 컨셉은 다음과 같다.

(1) 전략

전략은 어린이 과학관 '코즈의 과학나라'의 기본 컨셉으로 에듀테인먼트를 지향한다. 내용적 컨셉에 있어서 핵심컨셉은 기초과학원리를 소재로 한 과학교육이고, 부가 컨셉은 미취학 어린이 전용 놀이터를 개념으로 한다. 보조컨셉으로는 교육과 놀이를 통해 어린이의 감각을 자극하고 5~9세 어린이의 욕구를 충족하는 것으로 설정하였다.

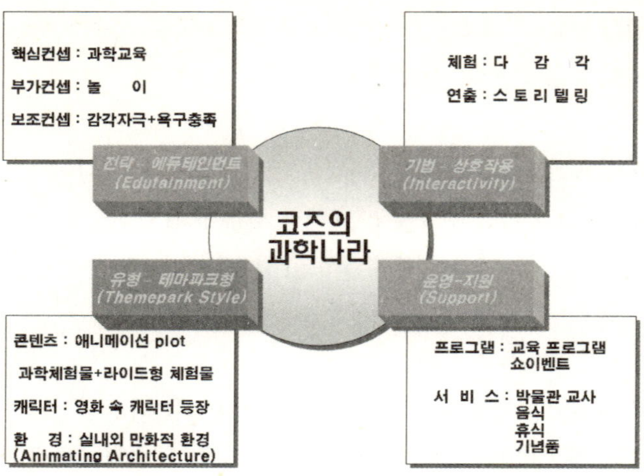

[그림 18] 코즈의 과학나라 컨셉 구상도

연출적 컨셉으로는 Hands-on을 중심으로 체험, 관찰, 자연, 신체, 참여 기법으로 설정하였다.

(2) 기법

전략을 실천하는 기법으로 다감각적 체험과 스토리텔링 기법을 적용한다. 다감각적 체험은 시각・청각・촉각・후각・미각의 5가지 감각을 자극하는 과학체험물을 통해 상호작용을 시도한다. 과학체험은 단순히 전시물 위주의 체험이 아니라 주제연출이나 공간연출에서 스토리텔링 기법을 적용하여 과학이야기와 어린이가 서로 대화할 수 있도록 하여 흥미로운 과학학습이 되도록 한다.

(3) 유형

동화 '오즈의 마법사'에서 모티프를 차용한 것으로 테마파크와 같이 원형스토리를 기반으로 구성한다. '오즈의 마법사'는 토네이도를 중심으로 현실세계인 캔자스 시티와 환상세계인 먼치킨 시티, 에메럴드 시티,

마녀의 성으로 구분되므로 조닝 설정이 용이하다. 또한 실내외 만화적 건축이 등장하는 점도 테마파크적 환경연출에 유리하다.

캐릭터의 도입에 있어서 주인공 도로시가 시간과 공간을 이동하면서 허수아비, 양철인간, 사자, 마녀 등의 캐릭터를 만나게 되어 과학관에 친근한 캐릭터를 도입하기에 적합하다.

(4) 운영

운영은 과학관의 지원에 해당하는 부분으로 프로그램, 쇼이벤트 등의 교육적 부분과 박물관 교사, 기념품, 휴게/식음시설 등의 서비스 부분으로 나누어진다. 교육적 부분은 특히 재방문하는 관람자에게 계절을 중심으로 매번 다른 콘텐츠를 제공하여 과학관의 관람을 새롭게 한다. 또한 어린아이들에게 또래와의 협동심과 가족 간의 유대를 돈독히 하는 역할을 한다. 쇼이벤트의 경우에는 마술이나 연극, 뮤지컬과 같은 공연적 요소를 도입하여 쇼이벤트 속에 교육을 숨겨 어린이들에게 호기심을 자극하고 흥미를 북돋운다.

박물관 교사는 연령대가 어린 과학관에 있어서는 필수적인 요소인데 본 과학관과 같이 원형 이야기가 있는 경우 캐릭터를 박물관 교사로 설정하여 쉽게 다가갈 수 있는 가이드의 역할을 수행하도록 한다.

테마파크에서의 기념품이나 음식은 그 종류나 수가 매우 다양하지만 대다수의 과학관이나 박물관은 없거나 상징물 정도에 그치고 있다. 이 책에서 제시하는 '코즈의 과학나라'는 오즈의 마법사를 모티프로 한 것이므로 다양한 과학관 기념품과 관련된 음식을 만들 수 있어 기존의 과학관과 차별화를 도모할 수 있다.

관람연령이 어리므로 부모가 동반하게 되는데 곳곳에 부모와 어린이가 쉴 수 있는 공간을 배치한다.

5) 주제 설정

(1) 전시 주제와 시나리오

주제는 과학관의 이름인 '코즈의 과학나라-코즈의 신나는 과학여행'으로 설정하였다. '코즈'는 관람자인 어린이를 지칭하여 1인칭 시점으로 환상 세계에서 자신만의 과학체험을 함을 강조하였다. '신나는'은 놀이의 장, '과학나라'는 학습의 장임을 의미한다. 그리고 '여행'은 원형스토리와 같이 특정한 공간에서 사건을 경험하게 됨을 뜻한다.

전시 시나리오는 영화에서 도로시의 공간 이동을 중심으로 외부 공간-도입부-전개부-결말부의 크게 4영역으로 나누고 외부 공간은 서막, 도입부는 발단, 전개부는 전환, 가속, 절정, 결말부는 결말로 6개 영역으로 세분화된다. 그림으로 구성하면 다음과 같다.

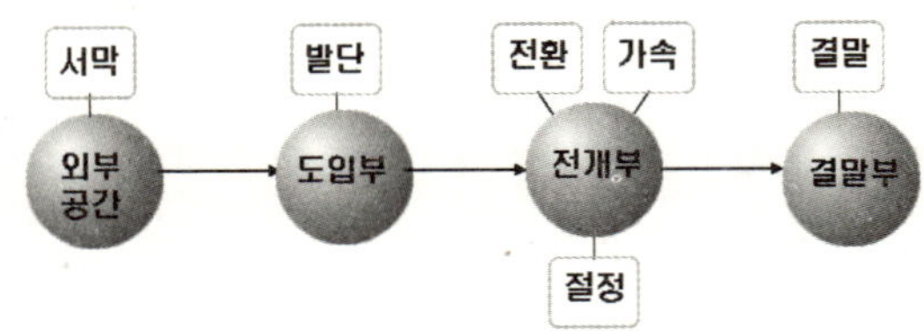

[그림 19] 전시 시나리오 구성

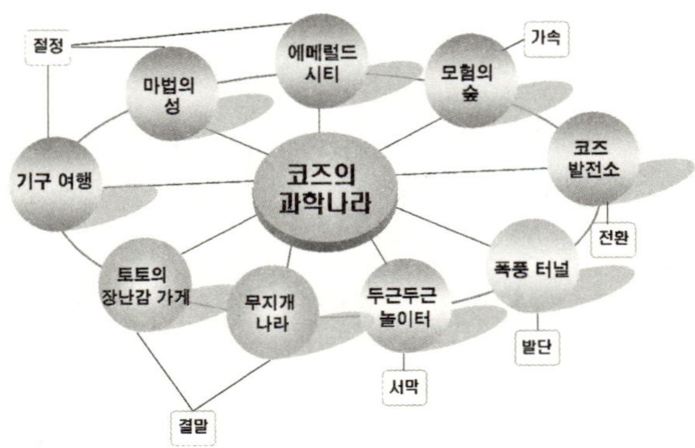

[그림 20] 코즈의 과학나라 전시 시나리오 구성

세부영역에 따른 공간의 명칭은 동화 속 공간의 이름과 내용에서 가져왔다. 전시 공간 5, 외부 놀이터 및 자연학습장 1, 도입 공간 1, 서비스 공간 2, 연구 공간 1, 사무 공간 1로 구성한다.

〈표 31〉 코즈의 과학나라 공간 명칭

영역			동화 속 공간 및 내용
서막	외부 공간	Hello! 코즈	매표소 및 안내소
		두근두근 놀이터	캔자스 시티의 엠 숙모 농장이자 도로시의 집
도입부	발단	폭풍 터널	토네이도, 주제가 'Over the Rainbow'
전개부	전환	코즈 발전소	먼치킨 시티
	가속	모험의 숲	도로시가 허수아비,양철인간,사자를 만나는 공간
	절정	에메럴드 시티	에메럴드 시티
		마법의 성	마녀의 성
		기구 여행	모건의 기구 탑승
결말부	결말	토토의 장난감 가게 (기념품 shop)	도로시 애완견 토토의 활약
		무지개 나라(식당)	

(2) 공간 구성과 프로그램

시나리오에 따른 주제 및 공간구성과 프로그램은 다음과 같다.

〈표 32〉 코즈의 과학 나라 전시 시나리오

영역		중주제	소주제	세부구성 및 내용	참고
외부 공간	서막	Hello! 코즈		·매표소 및 안내소가 있다.	·모티프: 서쪽 마녀의 빨간 구두
		두근두근 놀이터		·실외공간으로 앞으로 경험할 코즈의 과학나라에 대한 호기심을 유발한다. ·자연학습장, 모래놀이터, 바닥분수, 각종 실외 놀이기구	·모티프: 엠 숙모의 농장
도입부	발단	폭풍 터널		·두근두근 놀이터가 있는 현실세계와 환상세계의 관문 역할을 한다.	

영역		중주제	소주제	세부구성 및 내용	참고
				·코즈의 과학나라로 들어가는 터널로 밖은 무지개 색, 안은 토네이도 속의 분위기를 연출한다. ·테마파크어트랙션의프리쇼(Pre-show)에 해당,영상을 제공하여 오즈의 마법사 스토리를 이해하는 공간으로 구성한다.	·모티프: 주제가 '오버 더 레인보우(Over the rainbow), 토네이도 속
전개부	전환	코즈 발전소	쏴쏴에너지	·첨벙 펌프,슈퐁 물방울,덜컹 댐,송송 분수	·자연에너지(물,파도·바다,바람,태양,지열)를 소개하여 에너지의 발전과정을 체험 이해한다. ·모티프: 먼치킨 시티의 환경(곡선형 연못,자연)
			철썩에너지	·탁탁 전기	
			씽씽에너지	·둥둥 공,휘휘 풍차,훨훨 요정,슝 대포	
			쨍쨍에너지	·쌩쌩 자동차,반짝 구두	
			활활에너지	·폴짝 마루	
			슝슝에너지	·미래 빛 도시	
	가속	모험의 숲	작은동물원	·다람쥐, 개미, 거미, 물고기 등 작은 동물이나 곤충을 관찰하는 자연관찰놀이공간이다.	·모티프: 도로시가 숲속에서 허수아비, 양철인간,사자를 만나 함께 에메럴드 시티로 감
			땅속탐험	·땅속 빠져나오기	
			나무타기	·사다리나 계단을 이용하여 나무타기	
			흔들다리	·1층에서 2층 에메럴드 극장으로 가는 전이공간으로 흔들다리를 건너 이동할 수 있다.	
	절정	에메럴드 시티	놀라운색	·짜잔 프리즘,알록달록 벽,톡톡 팔레트	·2층: 색 원리 ·모티프: 에메럴드의 영롱한 색
			신기한영상	·앗! 내모습, 뱅글뱅글 그림, 빅아이	·2층: 영상 원리 ·모티프: 오즈의 등장
			짜릿탐험	·4D입체영상관.	·2층: 특수영상 ·모티프: 허수아비, 양철인간,사자의 임무수행
			에메럴드 극장	·사이언스 쇼	·과학연극
				·교육이벤트 공간	·프로그램, 퀴즈, 게임

영역	중주제	소주제	세부구성 및 내용	참고
			·실험 공간	·과학실험
		에메럴드 도서관	·과학관련 어린이동화책	·1층: 도서관
	마법의 성	둥실 버블	·후~비누방울, 내가 비누방울 속에, 다같이 비누방울 눈, 춤추는 비누방울	·표면장력 이해 ·모티프: 마녀들 마블 색
		떼굴 공	·멀리멀리 공, 소용돌이 공, 구불구불 공, 공풀장	·낙하원리, 회전원리, 탄성원리 이해 ·모티프: 마녀들 마블형태
		이상한 방	·마녀의 거울, 착시의 방, 그대로 멈춰라	·오목/볼록거울, 중력법칙,그림자 잡기 등 ·모티프: 마녀들 마블기능, 마녀의 성
	기구 여행	허수아비 뇌	·뇌 들여다보기, 생각은 어떻게?	·뇌의 구조, 생각의 원리를 이해 ·모티프: 허수아비의 뇌
		양철인간 몸	·몸 속 들여다보기, 우리 몸의 세포, 음식은 어디로?, 뼈 자전거	·신체 구조, 세포 구조, 소화과정, 뼈 구조를 이해 ·모티프: 양철인간의 심장
		꿈의 기구	·기구가 떴어요, 띄워보자! 기구	·기구가 뜨는 원리를 이해하고, 신체를 이용한 힘에너지를 통해 여러 개의 모형 기구를 띄워본다 ·모티프: 모건의 기구여행
결말부	결말	토토의 장난감 가게	·기념품 샵	
		무지개 나라	·식당	
		출구		

(3) 연출총괄표

〈표 33〉 코즈의 과학나라 연출총괄표

층	구분	구역	전시 항목	세부전시 항목	연출매체-실시설계총괄표					
					모형	H/W	S/W	그래픽	기타	비고
1	외부공간	서막	·매표소 ·안내데스크		·빨간 구두(1) ·허수아비(2)	·DID[53] (1) ·음향 시스템 ·PC(2) ·RFID 카드발급기(5) ·RFID 팔찌 (50)				
		Hello! 코즈								
		두근두근 놀이터	·자연학습장						·계절별꽃,동물	
			·모래놀이터						·은나노모래 ·모래놀이기구	
			·바닥분수 놀이터						·바닥분수	
			·실외 놀이터						·미끄럼틀, 정글짐,그네, 시소	
	도입부	발단	· 오즈의 마법사'스토리	· 토네이도를 만날 때까지의 이야기		·음향 시스템 (1) ·32"LCD (1)+ 음향	·설명 나레이션 ·일반 영상	·그래픽 패널 (10)		설명
		폭풍터널								
	내부공간	전개부-전환								
		코즈 발전소	·쏴쏴 에너지	·첨벙 펌프		·대형 수조(1) ·펌프(5) ·물레방아(5)	·물	·그래픽 패널(4)	·방수 조끼	설명
										박수
				·슈퐁 물방울		·플라스틱관(2)				설명

층	구분	구역	전시항목	세부전시항목	연출매체-실시설계총괄표					
					모형	H/W	S/W	그래픽	기타	비고
				·덜컹댐		·중형 수조(1) ·댐막이 (5)				
				·송송 분수		·소형 수조(1) ·분수 시설(4)				
			·철썩 에너지	·탁탁 전기	·버섯 모양집들 (1)	·유리 상자(1) ·전기 장치 ·버튼(2) ·RFID인식기(2)	·물	·그래픽 패널(1)		설명
			·씽씽 에너지	·둥둥 공	·나무(1)	·공(3) ·페달(3) ·핸들(3) ·10"LCD (3) ·RFID 인식기 (3)		·그래픽 패널(3)		설명
				·휘휘 풍차	·풍차(6)	·트랙볼 (6) ·fan(6) ·10"LCD (3) ·RFID 인식기(6)				
				·휠휠 요정		·유리통 (2) ·버튼(2)	·종이	·정원 그림		
				·슝 대포		·색깔공 ·공 대포(2)		·그래픽 패널(1)		설명
								·서쪽 마녀 입속 그림		

층	구분	구역	전시 항목	세부전시 항목	연출매체-실시설계총괄표					
					모형	H/W	S/W	그래픽	기타	비고
			·쨍쨍 에너지	·쌩쌩 자동차		·조이스틱(3) ·태양열 자동차(3) ·10"LCD(3) ·RFID 인식기(3)		·그래픽 패널(1) ·태양 그림 ·노란 길		설명
				·반짝 구두		·조이스틱(3) ·빨간 구두(3) ·LED(3)		·그래픽 패널(1)		설명
			·활활 에너지	·폴짝 마루		·열판(1)		·그래픽 패널(1)		설명
			·숭숭 에너지	·미래 빛도시	·미래 도시 셋트(1)			·그래픽 패널(1)	·미니 자기부상 열차 ·미니 건물	설명
		전개부-가속								
		모험의 숲	·작은 동물원		·숲 속 디오라마(1)		·다람쥐, 개미, 거미, 물고기 ·곤충	·그래픽 패널(1)		설명
			·땅속 탐험		·땅 속 모형(1)			·그래픽 패널(1)		설명
			·나무타기		·큰 나무 모형(1)	·암벽 타기 손잡이		·그래픽 패널(1) ·숲속 그림	·실내 암벽타기 ·추락 방지 매트	설명

층	구분	구역	전시 항목	세부전시 항목	연출매체-실시설계총괄표					
					모형	H/W	S/W	그래픽	기타	비고
			·흔들다리		·숲속과 성벽	·흔들 다리		·그래픽 패널(1)	·추락 방지 그물	설명
		전개부-절정								
		마법의 성	·둥실 버블	·후 비누 방울		·비누 방울 세트		·그래픽 패널(4) ·성 그림		설명
				·내가 비누 방울 속에		·대형 비누 방울 도구 ·핸들(1)				
				·다같이 비누 방울 눈		·플라 스틱 안경	·비누 방울			
				·춤추는 비누 방울		·대형 구	·컬러 비누 방울			
			·떼굴 공	·멀리 멀리 공	·성 내부 모형	·버튼(2) ·미로 판	·컬러 공	·그래픽 패널(4)		설명
				·소용 돌이 공		·핸들(2) ·긴 유리관				
				·구불 구불 공		·버튼(2) ·구불 구불 길				
				·공 풀장		·볼풀장				
			·이상 한 방	·마녀의 거울		·평면 거울, 오목 거울, 볼록 거울		·그래픽 패널(3) ·마녀의 방 그림	·마녀 복장	설명
				·착시의 방		·착시 시설				

층	구분	구역	전시항목	세부전시항목	연출매체-실시설계총괄표					
					모형	H/W	S/W	그래픽	기타	비고
				·그대로 멈춰라		·음향 시스템 ·그림자 벽 ·조명				
		기구 여행	·허수아비 뇌	·뇌 들여다 보기	·뇌 모형	·퍼늘 ·라이트 ·음향 시스템	·설명 나레이션	·그래픽 패널(8)		설명
				·생각은 어떻게?		·키오스크(2)	·멀티미디어 영상			
			·양철 인간 몸	·몸 속 들여다 보기	·몸 속 모형	·퍼즐 ·라이트 ·음향 시스템	·설명 나레이션			
				·우리 몸의 세포	·세포 모형	·터치 ·라이트 ·음향 시스템				
				·음식은 어디로?		·키오스크(2)	·멀티미디어 영상			
				·뼈 자전거		·자전거(2) ·프로젝션(2)			·모형 불주머니	
			·꿈의 기구	·기구가 떴어요		·64"LCD	·일반 영상			
				·띄워보자!기구		·풍선 미니 기구(10) ·줄(10)				
1		에메럴드 시티	·에메럴드 도서관	·과학 관련 어린이 동화책				·그래픽 패널(1)	·책장 ·의자 ·테이블	설명

층	구분	구역	전시 항목	세부전시 항목	연출매체-실시설계총괄표					
					모형	H/W	S/W	그래픽	기타	비고
2			·놀라운 색	·짜잔 프리즘		·버튼		·그래픽 패널(3)	·프리즘	설명
				·알록달록 벽					·물감 ·팔레트 ·앞치마	
				·톡톡 팔레트		·프린터(1)			·용기 ·유화 물감 ·종이 ·앞치마	
			·신기한 영상	·앗!내 모습		·만델라 시스템(블루스크린, 프로젝터, 카메라) ·32"LCD		·그래픽 패널(3)		설명
				·뱅글뱅글 그림		·만화경(1)				
				·빅아이	·오즈의 얼굴 모형	·카메라 옵스큐라(2)				
			·짜릿 탐험	· 4D입체 영상관		·4D영상 시스템(1)	· 특수 영상		·100석 규모	
			·에메럴드 극장	· 사이언스쇼						
				·교육 이벤트 공간						
				·실험 공간						
1		결말부-결말								

층	구분	구역	전시 항목	세부전시 항목	연출매체-실시설계총괄표					
					모형	H/W	S/W	그래픽	기타	비고
		·서비스 영역	·까페테리아 및 휴게실	·무지개 나라						
			·기념품 샵	·토토의 장난감 가게						
B1		·연구 영역	·학예연구실							
			·수장고							
		·사무 영역	·사무실						·탈의실, 물품보관실, 탕비실 집기, 수납장	
			·관장실							
			·접견실							
			·회의실			·영상장비, 음향시설, 스크린, 각종 통신장비, OA-플로어			·안락의자 (50)	

53 DID(Digital Information Display): 전광판을 통한 옥내외용 디스플레이.

(4) 마스터플랜

마스터플랜은 전시 시나리오에 따른 과학관의 외부 및 내부의 구성을 소개하고, 이에 따른 조닝과 동선을 설계하고, 세부 공간을 스케치한다.

① 외부 구성(Exterior Plan)

'코즈의 과학나라'의 외부 공간은 관람객이 들어서자마자 한 눈에 전체 경관을 조망할 수 있는 곳이다. 단순한 경관이 아니라 실외 입구에서부터 스토리를 이해할 수 있는 장치인 빨간 구두와 허수아비를 배치하고 무지개 색 폭풍 터널을 배치하여 현실 세계와 환상 세계의 관문임을 표현하였다. 과학관 건축물은 2층 구조로 구성하여 에메럴드 시티는 중앙에 코즈 발전소, 모험의 숲은 에메럴드 시티 오른쪽에, 마법의 성, 기구여행은 에메럴드 시티 왼쪽에 배치하였다. 건축물은 영화 속 건축물을 그대로 구현하지는 않았지만 연관성이 있도록 만화적 건축기법(Animating Architecture)을 적용하였다. 어린 연령대의 어린이들은 단순한 도형을 통해 사물을 이해하므로 동그라미, 세모, 네모를 기반으로 하여 전체적으로 성(城)의 모양으로 외형을 만들었다.

빨간 구두와 허수아비가 있는 곳이 어린이 과학관의 실외 출입구이다. 빨간 구두는 매표소와 인포메이션의 역할을 담당하고, 허수아비는 동화 '오즈의 마법사'에서 본 과학관의 아이디어를 얻었음을 나타내는 상징물이다.

입장을 하게 되면 엠 숙모의 농장을 모티프로 목재 놀이기구를 갖춘 야외 놀이터가 입구의 오른쪽에 위치하게 되고, 그 옆에는 작은 연못과 분수가 있다. 폭풍 터널 왼쪽에는 계절에 맞는 꽃, 동물들을 관찰할 수 있는 야외학습장이 위치한다.

어린이 과학관으로 들어가기 위한 본격적인 관문은 무지개 모양의 폭풍 터널이다. 폭풍 터널은 오즈의 마법사에 나온 토네이도를 상징하는데 도로시가 현실 세계에서 환상 세계로 들어가는 관문이다. 폭풍 터널에 무지개 색을 채색한 것은 도로시가 부르는 주제가 'Over the Rainbow'의 가사 중에 And the dreams that you dare to dream really do come true (네가 감히 꿈꿔왔던 일들이 정말 현실로 나타나는 나라)를 시각화한 것이다. 주제가는 반복해서 흘러나오고, 폭풍 터널은 진입구에서부터 중간 부분까지 완만한 상승 곡선 경사를 이뤄 과학관 내부 입구가 보이지 않게 하다가 하강 곡선 경사를 이루면서 터널의 끝에 다다를 때 쯤 내부 입구의 노란 길을 보이게 한다.

관람자들은 무지개 색 폭풍 터널을 통과하는 중에 동화 '오즈의 마법사'스토리를 이해할 수 있는 이미지와 영상, 그리고 사운드를 접하게 된다. 이것은 테마파크 어트랙션의 특징인 프리 쇼(Pre-show)에 해당하는 것으로 프리 쇼는 어트랙션의 스토리를 이해하기 위한 장치이며, 적극적으로 관람객을 이야기로 끌어드리는 것이 목적이며, 이야기의 배경과 공간에 대한 정보를 제공하고, 사건의 암시나 사건이 일어나게 된 원인을 제공하는 역할을 한다. 이것은 전시 기법을 통해 관람객에게 전달되는데 오브제를 이야기의 흐름에 따라 배치하거나 영상을 통해 전달된다. 이 외에도 원형 스토리나 성공한 콘텐츠의 프리 쇼의 경우 부모세대에게는 어릴 적 기억을 환기시키고, 어린 자녀에게는 새로운 경험을 제공한다. 따라서 프리 쇼는 긴장을 축적하고 궁금증을 유발하는 공간이며 실제 전시 공간에 와서는 긴장을 해소하게 된다.

폭풍 터널의 끝에 다다르면 과학관의 내부 공간으로 들어가는 입구가 나타난다. 입구를 통과하면 관람객은 코즈 발전소를 시작으로, 모험의 숲, 에메럴드 시티, 마법의 성, 기구 여행 등의 순서로 동선을 설정하며 5개 영역 내부에서는 자유롭게 관람할 수 있다.

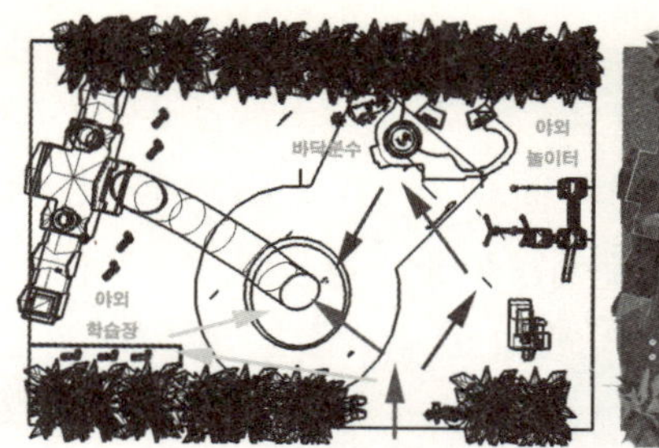

[그림 21] 코즈의 과학나라 외부 구성과 동선-평면도

[그림 22] 코즈의 과학나라 입구

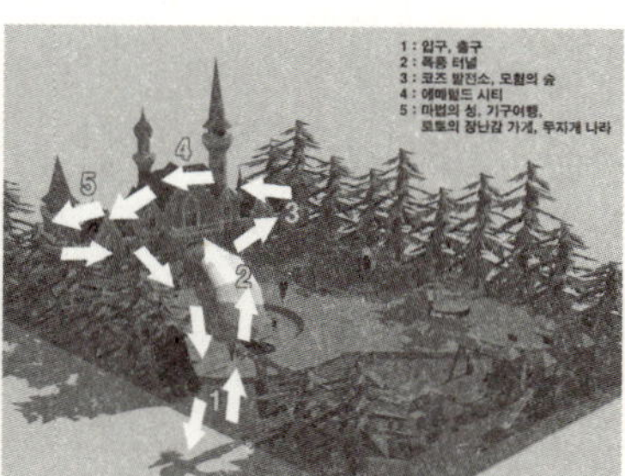

[그림 23] 코즈의 과학나라 외부 구성과 동선-조감도

② 내부 구성(Interior Plan)

코즈 발전소, 모험의 숲, 마법의 성, 기구 여행, 토토의 장난감 가게, 무지개 나라가 1층에 위치하고, 에메럴드 시티는 2층 구조로 되어 있는데 1층에는 에메럴드 도서관이 있고, 2층에는 에메럴드 시티가 있다. 나머지 연구 및 사무영역은 지하에 위치한다. 아래 그림은 지하를 제외한 실질적인 전시영역과 서비스영역인 1층과 2층의 조닝만 나타낸 것이다. 동선은 스토리에 따라 관람하는 주동선과 입구부터 자유롭게 6개의 영역을 관람할 수 있는 선택 동선의 두 가지 동선으로 구성한다.

과학관 입구에 들어서면 오즈의 마법사의 주요 상징물인 투명 마블 조형물이 노란 길을 세운 아치형태의 지지대에 얹혀 있다. 시각적인 자극을 위한 요소이기도 하지만 자연에너지, 신체, 물리의 세 기초과학 요소를 함께 학습하고, 이를 통해 과학학습, 자연관찰학습, 신체학습, 협동학습, 사회학습 등 복합적인 학습을 할 수 있다는 의미에서 둥근 형태에 다채롭고 오묘한 느낌의 색이 계속 변하게 연출한다.

조형물 뒤에는 1층과 2층을 관통하는 에메럴드 시티를 중앙에 배치한다. 투명 마블 조형물과 함께 관람객이 입장했을 때 강한 임팩트를 주는 시각적 건축물이자 전시관, 신체활동을 돕는 놀이 공간, 그리고 다른 존으로 이동하는 이동공간의 역할을 동시에 한다. 2층의 에메럴드 성의 제일 윗부분을 4D입체영상관으로 구성하여 도로시 일행이 오즈를 만났을 때의 상황을 재현한다.

1층에서 2층으로 오가는 방법은 입구 반대편에 있는 엘레베이터를 이용하거나 모험의 숲에서 흔들다리를 타고 올라간다. 또한 에메럴드 성 건축물 표면에 나선형 계단이 있어서 돌면서 오갈 수 있다.

바닥에는 어느 전시관이든 영화에서처럼 ‘노란 길(Yellow Brick Road)'이 깔려 있어 관람객인 코즈들은 도로시가 된 듯한 느낌으로 관람한다.

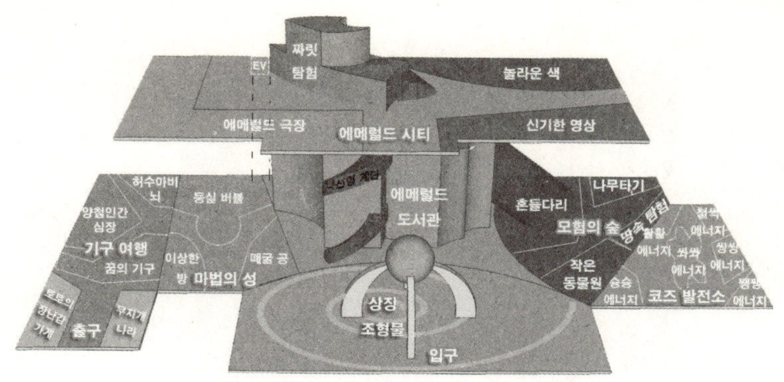

[그림 24] 코즈의 과학나라 내부 구성

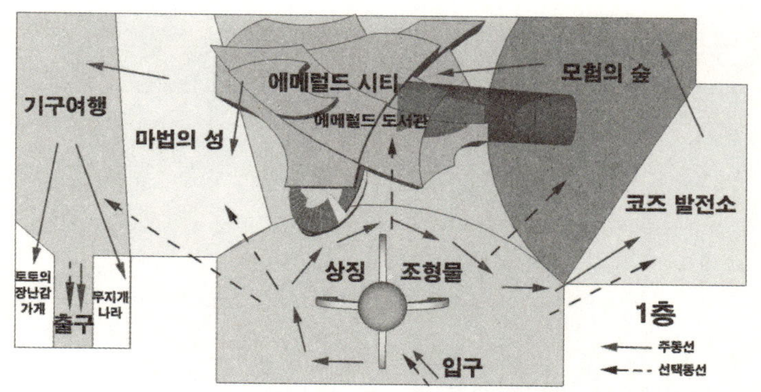

[그림 25] 코즈의 과학나라 1층 평면도-조닝과 동선

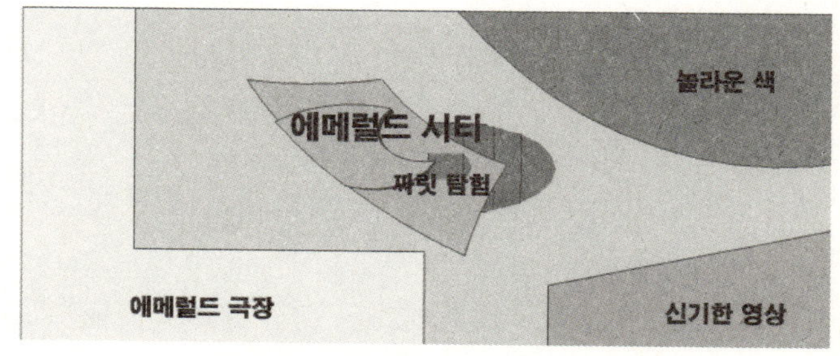

[그림 26] 코즈의 과학나라 2층 평면도-조닝

③ 전시 공간 스케치

맨왼쪽 위부터 시계방향으로 코즈 발전소, 모험의 숲, 마법의 성, 기구 여행, 어린이도서관, 토토의 선물가게, 무지개 나라

[그림 27] 코즈의 과학나라 전시공간 스케치

6) 세부연출 및 스토리텔링[54]

(1) 서막

① Hello! 코즈

- 매표소

'오즈의 마법사'에서 도로시가 신게 된 서쪽 마녀의 빨간 구두를 매표소로 한다. 빨간 구두는 도로시가 환상 세계로 들어왔음을 표시하는 상징물이므로 입장객인 코즈들에게도 그러한 느낌을 부여한다. 구두 안쪽에 매표원이 있다.

---

54 각 세부 전시에 삽입된 그림들은 이해를 돕기 위한 참조 이미지들임.

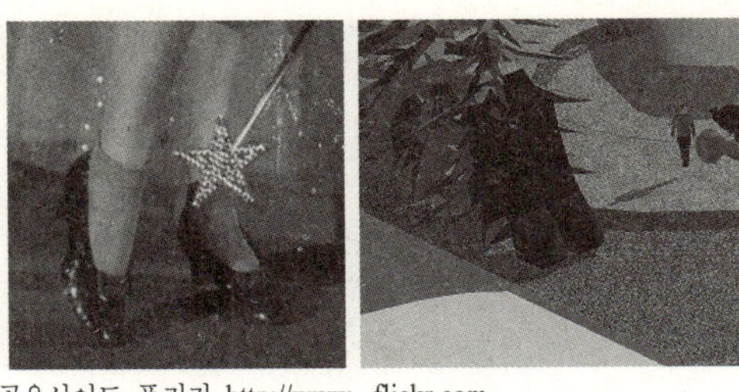

출처: (좌) 사진공유사이트 플리커 http://www. flickr.com

[그림 28] 도로시의 빨간 구두와 빨간 구두 모양 매표소

- 안내데스크

입장객에게 RFID 태그가 부착된 손목 팔찌를 지급하고 과학관 내에 아이템들에서 얻어지는 결과를 RFID 태그에 저장하면 그 정보로 점수를 저장하거나 기념품 및 음식 구입을 할 수 있도록 한 시스템이다.

② 두근두근 놀이터

[그림 29] RFID 손목 팔찌와 RFID 원리

엠 숙모의 농장이자 도로시의 집 주변을 모티프로 하여 자연분위기를 연출한다.

출처: 사진공유사이트 플리커 http://www.flickr.com에서 검색

[그림 30] 엠 숙모의 농장과 주변

- 자연학습장

입구의 좌측에 있는 곳으로 계절별 꽃, 열매, 기타 식물, 그리고 새, 토끼 등 어린이들이 좋아하는 동물들이 있다. 아래 그림과 같이 해설자가 동행하여 자연관찰학습을 하는 한편, 짧은 산책 코스를 겸해 어린이 건강에 도움이 되도록 한다.

[그림 31] 자연학습장

- 모래놀이터

자연학습장 내에 위치한 곳이다. 모래는 특정한 형태가 없는 것으로 손을 통한 촉각 자극으로 다양한 형태의 시각적 구조물을 만들게 하여 창의성을 돕고, 손의 협응력, 그리고 또래들과 함께하는 놀이로 협동심을 키운다. 또한 모래는 감촉으로 느낄 수 있는 것으로 모래를 이리 저리 만져보고, 그릇에 담거나 쏟아보거나 손가락 사이로 흘려보내면서 감각적 경험을 하게 된다. 특히 모래 놀이는 5세에서 9세까지 어린이들의 특

징인 한 가지 놀이감이나 놀이에 금방 싫증을 내서 부수고, 새로운 것을 만드는 것에서 정서적인 안정감과 욕구를 분출할 기회를 준다.

모래는 어린이의 건강을 고려하여 살균효과가 있는 은나노 모래를 깔고, 각종 모래놀이기구를 배치한다.

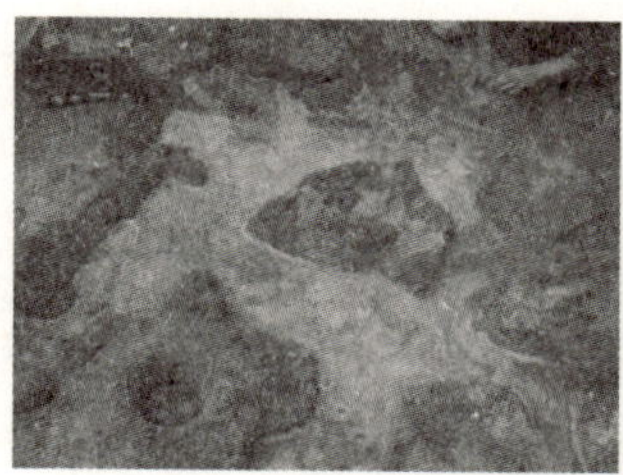

[그림 32] 모래놀이터

- 바닥분수 놀이터

겨울을 제외한 계절에 가동하는 시설로 위의 모래놀이처럼 어린이들이 좋아하는 물을 이용한 시설이다. 단순히 분수쇼를 관람하거나 직접 분수에 들어가서 물놀이를 할 수 있다. 오존살균 여과장치를 장착한 바닥분수를 설치하여 깨끗한 물에서 자유롭게 놀게 한다.

[그림 33] 바닥분수 놀이터

- 실외 놀이터

'오즈의 마법사'에 나오는 에메럴드 성, 마녀의 성의 이미지와 유사하게 조합형 놀이터를 구성하여 신체능력을 발달시키는 시설물을 배치한다. 조합형 놀이터는 그림과 같이 미끄럼틀, 터널통과하기, 그물타기, 줄잡고 오르기, 다리 건너기 등 다양한 놀이기구가 연결되어 있어 팔, 다리, 손, 온몸 등의 근력, 균형감각, 상황판단력을 키운다.

출처: 플레이뱅크 http://www. 22playbank.co.kr/에서 인용

[그림 34] 조합형 실외 놀이터

(2) 도입부-발단-폭풍 터널

'오즈의 마법사'에서 토네이도는 도로시가 집이 있는 캔자스시티에서 먼치킨 시티로 공간이동을 하게 하므로 코즈들이 영화 속 체험을 할 수 있도록 폭풍 터널을 통과하여 과학관에 입장하게 한다. 영화 속에서 토네이도 폭풍은 땅과 하늘 사이에 세로로 움직이지만 과학관에서는 가로로 놓여 져 터널의 역할을 한다. 터널은 낮은 각도의 아치 형태로 완만한 곡선형태다.

터널 외부는 어린이들이 좋아하는 색채이면서 '오즈의 마법사' 주제가인 'Over the Rainbow'의 무지개에서 차용하여 알록달록한 색으로 표현한다. 터널 내부는 모래바람 속의 느낌이 날 수 있도록 하고 부분조명을 사용하여 신비한 분위기를 내게 한다.

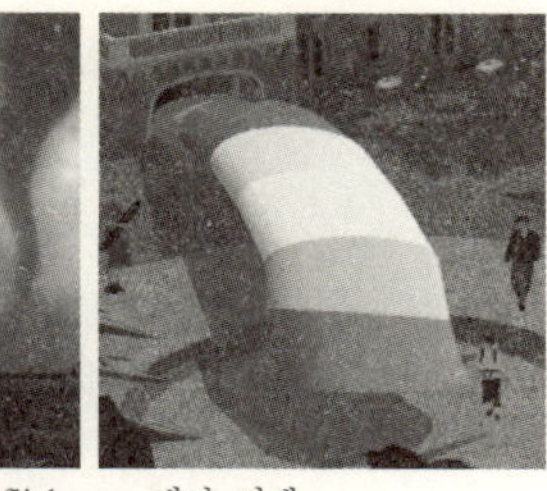

출처: (좌, 중간) 사진공유사이트 플리커 http://www.flickr.com에서 검색

[그림 35] 오즈의 마법사의 토네이도와 코즈의 과학나라 폭풍 터널 외부

테마파크의 프리 쇼(Pre-Show)와 같이 터널에는 도로시가 환상세계로 가기 전까지의 오즈의 마법사 스토리를 알 수 있도록 그림패널과 영상을 배치한다. 5세에서 9세 어린이의 키에 맞춰 바닥에서부터 100cm~120cm 사이에 위치하도록 한다. 그리고 이해를 돕는 해설자의 나레이션도 나온다.

터널의 끝이자 과학관 입구에 다다를 때 관람객들은 먼치킨 시티의 노란 길을 볼 수 있다.

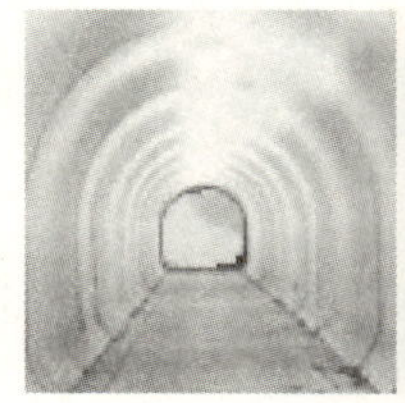

[그림 36] 폭풍 터널 내부

(3) 전개부

① 전환: 코즈 발전소

코즈 발전소는 메인 쇼(Main-Show)에 해당하는 부분으로 동화 '오즈의 마법사'의 먼치킨 시티의 곡선형 연못과 자연환경을 배경으로 한다. 버섯 집들과 각종 꽃들이 만발한 정원, 연못 등의 시각적 모티프에서 물,

파도, 바람, 태양, 지열 등의 천연 에너지의 요소를 추출하였다. 여기에서는 천연 에너지가 어떻게 힘 에너지로 바뀌는지 과정을 학습한다.

출처: 엔싸이버 백과사전http: //www.encyber.com에서인용

[그림 37] 먼치킨시티 연못

- 쏴쏴 에너지

물놀이를 통해 수력에너지의 원리를 학습할 수 있다.

○ 첨벙 펌프

· 원리

물 에너지는 수력·파력·조력 에너지를 이해하는 것으로 펌프작동으로 높은 곳에 있는 수조에 물을 채우고 물이 다 차게 되면 떨어지는 힘으로 물레방아를 돌리게 된다. 즉, 높은 곳에 있는 위치 에너지를 갖게 됨을 배운다.

· 연출

[그림 38]의 연못 모양과 같은 대형 수조에서 어린이들은 펌프작동을 통해 작은 통에 물을 가득 채우게 되면 물은 자동으로 낙하하고, 그 결과 물레방아가 돌아간다.

○ 슈퐁 물방울

· 원리

펌프의 압력에 따라 긴 플라스틱 수조의 밑에서 크고 작은 물방울이 생성되어 위로 올라가다가 사라지는 현상을 관찰하여 물 알갱이 사이에 서로 뭉치려는 성질인 응집력을 학습한다.

· 연출

긴 플라스틱 관이 펌프 앞에 놓여 있고 관람객이 펌프를 누르면 관의 하단에서 물방울이 만들어져서 위로 올라가는데 누르는 압력에 따라 크기가 다른 물방울이 생성된다.

○ 덜컹 댐

· 원리

물은 중력에 의해 위에서 아래로 흐르는데 이것은 높은 곳에 질량을 가진 물체가 지니는 위치 에너지로 낙차에 의해 운동 에너지로 바뀌는 원리를 이해한다.

· 연출

소형 댐에 있는 플라스틱 모형 수문을 올렸다 내렸다 하여 물을 흐르게 하거나 저장시킨다.

○ 송송 분수

· 원리

수조에 있는 물이 펌프의 힘으로 물이 나오는 급수라인에 연결된 분수구를 통해 분출시키는 원리를 이해한다.

· 연출

펌프작동으로 수조에 있는 물이 급수라인에 있는 노즐을 통해 분출되는 과정을 본다.

[그림 38] 첨벙 펌프, 슈퐁 물방울, 덜컹 댐, 송송 분수

- 철썩 에너지

버튼을 누르는 횟수와 압력에 의해 파력 에너지의 원리를 학습할 수 있다.

○ 탁탁 전기

· 원리

파도의 운동 에너지가 전기 에너지로 바뀌는 파력 에너지의 원리를 이해한다.

· 연출

유리 진열장 안에 먼치킨 시티에 나오는 버섯모양 집들이 있고, 관람객이 유리 진열장 밖에 있는 버튼을 눌러 파력 에너지를 발생시키면 버섯모양 집들에 불이 들어온다. 파력 에너지의 발생은 모니터에 점수가 기록되는 것으로 알 수 있다.

[그림 39] 탁탁 전기

- 씽씽 에너지

바람을 일으켜 풍력 에너지의 원리를 학습할 수 있다.

○ 둥둥 공

· 원리

바람의 힘을 이용하여 힘을 균형있게 분포시켜 힘 에너지를 얻는 원리다.

· 연출

정원을 배경으로 키 큰 나무 모형이 있고, 나무 모형에는 눈금자가 있다. 관람객 이 페달을 밟고, 핸들을 움직여 공을 더 높이 띄우게 하는 게임식 체험이다. RFID 손목 팔찌를 인식기에 대면 페달과 핸들의 조절에 따라 점수가 모니터에 기록된다. 옆 사람의 점수와 비교하여 누구의 공이 더 높이 올라갔는지 알 수 있어 경쟁하듯 즐겁게 풍력 에너지를 이해한다.

○ 휘휘 풍차

· 원리

바람의 힘에 의해 날개가 돌아가서 에너지가 발생하는 원리를 이해한다.

· 연출

풍차 이미지가 그려져 있고, 각 풍차 이미지에 6개의 팬(fan)이 달려 있다. 관람객이 트랙볼을 빨리 조절하면 펜이 빨리 돌고, 느리게 조절하면 느리게 돈다. RFID 손목 팔찌를 인식기에 대면 트랙볼의 조절에 따라 속도가 모니터에 기록된 다. 옆 사람의 점수와 비교하여 누구의 팬이 더 빨리 돌았는지 알 수 있어 경쟁하듯 즐겁게 풍력 에너지를 이해한다.

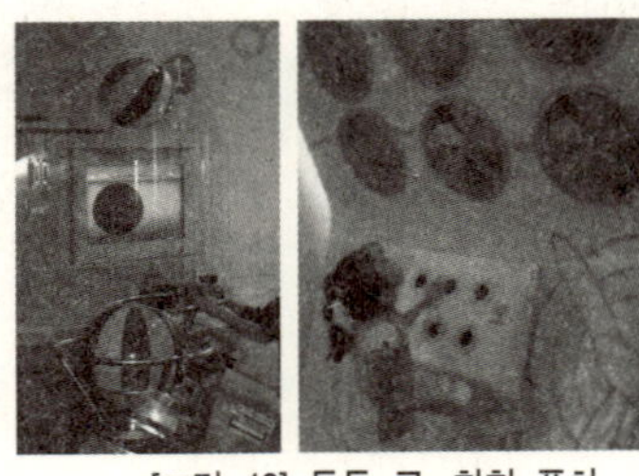

[그림 40] 둥둥 공, 휘휘 풍차

○ 훨훨 요정

· 원리

바람의 힘으로 물체가 날아가는 원리를 이해한다.

· 연출

과학관 교사들은 어린이들에게 종이를 나눠주고, 자유롭게 접게 한다. 박물관 교사들은 어린이들에게 '종이접기들은 이제부터 요정이 되요.'고 말하고, 그리고 큰 유리통 밑에 종이접기를 넣게 한다. 유리통 아래에 달린 푸쉬 버튼을 누르면 종이접기들이 유리통 속을 날아다니는 모습을 관찰할 수 있다.

○ 슝 대포

· 원리

공기팽창으로 인한 부피증가를 이해한다.

· 연출

어린이들이 좋아하는 색깔 공을 볼 대포 속에 넣고 서쪽 마녀의 입속에 공이 들어가게 하는 놀이이다.

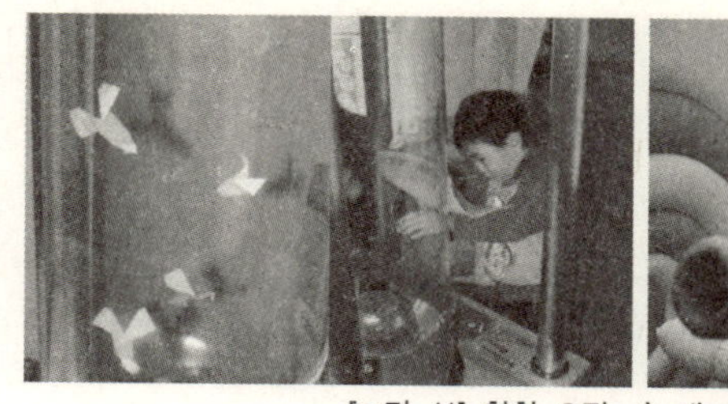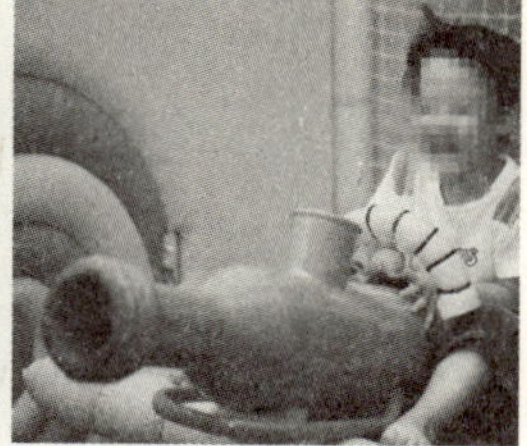

[그림 41] 훨훨 요정, 숭 대포

- 쨍쨍 에너지

태양열 에너지의 원리를 학습할 수 있다.

○ 쌩쌩 자동차

· 원리

쌩쌩 자동차를 통해 광전효과를 학습한다. 아이슈타인이 빛의 입자성을 이용하여 설명한 현상으로 금속 등의 물질에 빛을 비추었을 때 물질이 빛을 흡수하여 자유로이 움직일 수 있는 전자인 광전자를 방출하는 현상을 이해한다.

· 연출

태양열 집열판이 있는 전기 자동차가 놓여 있고, 관람객이 조이스틱으로 간접 조명을 주면 자동차가 움직이게 된다. 이 과정에서 태양열이 전기 에너지를 발생시키는 과정을 이해할 수 있다. RFID 손목 팔찌를 인식기에 대면 조이스틱의 조절에 따라 열량이 모니터에 기록된다. 옆 사람의 열량과 비교하여 누구의 자동차가 더 먼저 나갔는지 알 수 있어 경쟁하듯 즐겁게 태양열 에너지를 이해한다.

[그림 42] 쌩쌩 자동차

○ 반짝 구두

· 원리

광전효과가 전기 에너지를 발생시키는 과정을 학습한다.

· 연출

LED를 장착한 투명한 구두가 놓여 있고, 관람객이 조이스틱으로 간접 조명을 주면 구두에 불이 들어온다. 구두의 불은 랜덤하게 다양한 색으로 나타난다.

- 활활 에너지

지열 에너지의 원리를 학습할 수 있다.

○ 폴짝 마루

· 원리

지구의 내핵, 외핵, 맨틀, 지각의 온도를 통해 지열에 대해 이해할 수 있다.

· 연출

바닥에 열판이 깔려 있어 신을 벗고 올라가면 바닥이 따뜻해짐을 알 수 있다.

출처: 행복한 i http://www. hiknef.or.kr/tour/tour_view_20.asp에서 인용

[그림 43] 폴짝 마루

- 슝슝 에너지

ㅇ 미래 빛 도시

· 원리

물, 파도, 바람, 태양열, 지열 에너지 등 자연 에너지가 모여 도시를 움직이게 하는 원리를 학습한다.

· 연출

과학관 교사는 어린이들에게 '여러분들이 모은 에너지를 다 모아서 도시를 움직여 봅시다.'라고 말하고, 동시에 RFID 손목 팔찌를 인식기에 대면 모형 빌딩에 불이 들어오고, 자동차와 지하철이 움직인다.

② 가속: 모험의 숲

모험의 숲은 메인 쇼(Main-Show)에 해당하는 부분으로 동화 '오즈의 마법사'에서 도로시가 허수아비, 양철인간, 사자, 움직이는 나무를 만나는 곳이다. 숲과 나무 등의 모티프에서 작은 동물이나 곤충을 관찰하는 자연관찰, 땅속의 모습을 살펴볼 수 있는 땅속 탐험, 나무타기, 나무와 나무 사이를 건너는 흔들다리 등의 요소를 추출하였다. 여기에서는 관찰과 신체놀이를 통해 관찰력과 신체발달을 도모한다.

- 작은 동물원

· 원리

다람쥐, 토끼, 햄스터 등의 작은 동물과 개미, 거미 등의 작은 곤충, 그리고 하천에 사는 물고기를 관찰하는 놀이를 통해 자연을 학습한다.

· 연출

이 존의 노란 길은 투명하게 되어 있어 길 아래에 물고기들을 배치하여 걸어 다니면서 물고기를 관람한다. 작은 동물들은 숲 속에 울타리를 만들어 관찰할 수 있게 한다.

- 땅속 탐험

· 원리

땅속은 어떻게 되어 있고, 어떤 생물들이 살고 있는지 관찰한다.

· 연출

땅속 모형을 터널 형태로 설치하여 어린이가 기어서 터널을 통과하여 땅속을 관찰할 수 있고, 중간에 모형의 윗부분에 땅위의 상황을 관찰할 수 있는 투명 창이 설치되어 있다.

- 나무타기

· 원리

암벽타기를 통해 근력과 문제해결능력을 키운다.

· 연출

오즈의 마법사에 나오는 움직이는 나무를 모티프로 큰 나무 그림에 사다리, 계단 모양의 실내 그림 암벽타기 손잡이들이 달려 있다. 어린이의 안전을 위해서 추락 방지 매트를 바닥에 설치한다.

- 흔들다리

· 원리

흔들리는 다리를 건넘으로써 신체의 균형감각을 키운다.

· 연출

균형감각을 키우기 위한 놀이기구이자 1층에서 2층으로 이동할 수 있는 이동수단 이다. 큰 모형 나무의 중간이 뚫려 있고, 계단이 있어 어린이들은 계단을 통과한 다음 흔들다리를 건널 수 있다. 완만한 경사로 올라가면서 2층 에메럴드 시티로 이동할 수 있다. 흔들다리에는 각종 모양의 쿠션들이 있어 어린이들이 단순히 다리를 걷는 것뿐만 아니라 손으로 만질 수도 있고, 던질 수도 있으며, 누워서 베고 놀 수도 있게 한다.

출처: 땅 속 탐험은 국립과천과학관 어린이탐구체험관 사이버전시관 http://cyber.scientorium.go.kr/museum/childpvr.jsp?clickValue=1에서 인용, 나무타기는 키즈월드 http://www.kidsblock.co.kr/product/kwp01.htm에서 인용

[그림 44] 작은 동물원, 땅속 탐험, 나무타기, 흔들다리

③ 절정: 에메럴드 시티

2층에 있는 에메럴드 시티는 오즈가 사는 성이다. 에메럴드 시티의 영롱한 녹색에서 착안하여 색과 영상의 원리를 이해한다. 오즈는 허수아비, 양철인간, 사자, 도로시에게 마녀의 지팡이를 가지고 오라는 명령을 내리는데 입체영상관에서 어린이들과 함께 마녀를 물리치고 그것을 가지고 오는 임무를 수행한다. 에메럴드 극장에서는 과학연극, 실험, 퀴즈, 게임, 프로그램 등을 진행한다. 1층에 있는 에메럴드 도서관은 과학관련 어린이동화책을 비치하여 여유롭게 책을 읽거나 휴식을 취할 수 있다.

- 놀라운 색

프리즘을 통해 보이는 무지개와 기다란 벽에 물감을 이용하여 자유롭게 그림을 그리는 것, 그리고 마아블링 효과를 체험해 볼 수 있는 곳이다.

○ 짜잔 프리즘

· 원리

프리즘을 통한 빛의 분산을 학습한다.

· 연출

작은 프리즘을 어린이들에게 하나씩 나눠주고 빛의 분산을 직접 확인하는 방법과 여러 개의 프리즘이 버튼이 되어 누르면 다채로운 색상이 나타나는 체험으로 구성한다.

○ 알록달록 벽

· 원리

자유롭게 색을 구현해서 창의력을 키우고, 다양한 도구를 통한 촉감을 느끼도록 한다.

· 연출

긴 벽에 손, 발, 롤러, 붓, 크레파스, 물감, 색연필, 목탄 등 다양한 도구를 사용하여 자유롭게 그림을 그리도록 한다.

○ 톡톡 팔레트

· 원리

물과 기름이 섞이지 않는 성질을 이용한 것으로 우연의 효과를 통한 마아블링 원리를 이해한다.

· 연출

마아블링 효과를 체험해 볼 수 있는 전시로 먹물 마아블링, 칼라 마아블링 등 물과 기름의 성질을 관찰할 수 있다. 여러 가지 모양을 만들어 종이나 천에 직접 찍어본다.

[그림 45] 짜잔 프리즘, 알록달록 벽, 톡톡 팔레트

- 신기한 영상

영상과 어린이의 모습이 합쳐지는 블루스크린 체험, 만화경의 원리, 카메라에 상이 맺히는 원리를 학습한다.

○ 앗! 내 모습

· 원리

영상 합성 기술로 색조의 차이를 이용하여 어떤 피사체만을 뽑아내어 다른 화면에 끼워 넣는 방법으로 두 개의 영상이 합성되는 원리를 이해한다.

· 연출

관람객이 블루스크린 앞에 서면 오즈의 마법사의 장면 속에 관람객의 모습이 합성된다.

○ 뱅글뱅글 그림

· 원리

여러 개의 색유리 조각이 움직임을 통해 만들어지는 영상을 통해 반사와 대칭을 이해한다.

· 연출

만화경으로 꾸며진 방에 들어가서 환상적인 이미지를 감상한다.

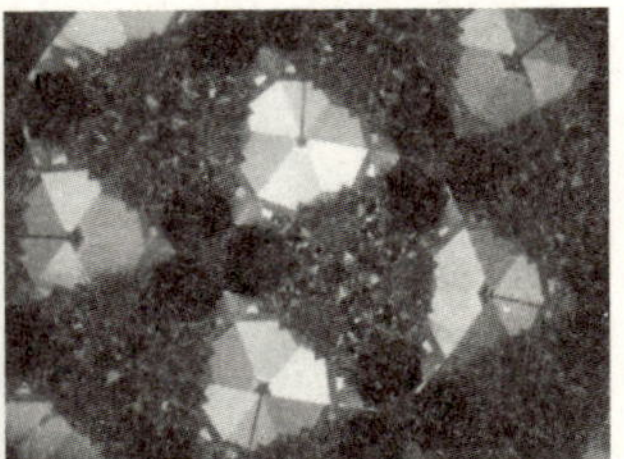

[그림 46] 앗! 내 모습, 뱅글뱅글 그림

○ 빅 아이

· 원리

상이 거꾸로 맺히는 원리를 이해한다.

· 연출

큰 안구모양의 전시물에 구멍이 나 있고, 관람객이 구멍을 들여다보면 거꾸로 맺힌 상을 관찰할 수 있어 카메라 옵스큐라의 원리를 이해한다.

- 짜릿 탐험

· 원리

양쪽 눈의 시차에 따른 입체감의 원리를 이해한다.

· 연출

도로시, 허수아비, 양철인간, 허수아비와 함께 마녀를 물리치고 지팡이를 가지고 오는 스토리의 특수영상 체험이다. 입체안경을 착용하고, 영상에 따라 특수효과가 나오는 4D 입체영상으로 오감을 자극한다.

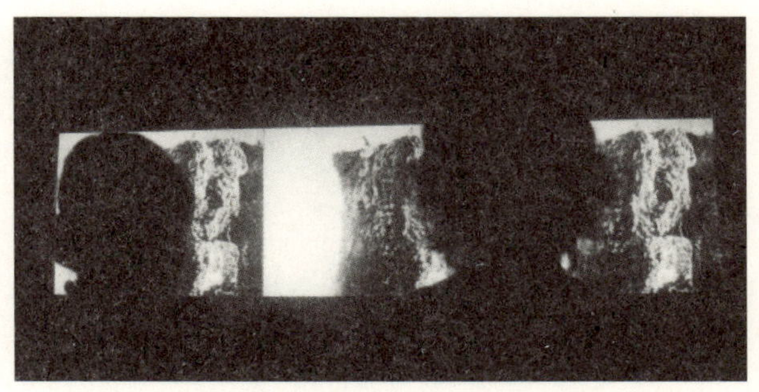

[그림 47] 짜릿 탐험

- 에메럴드 극장

과학연극, 프로그램, 퀴즈, 게임 등을 할 수 있는 곳이다.

과학연극으로는 나무꾼이 얻은 하트 시계, 서쪽 마녀의 모래시계에서 착안하여 시계의 역사와 종류, 원리를 이해하는 연극을 서쪽 마녀 캐릭터와 함께 퀴즈와 게임을 실시하여 참여형으로 진행한다. 게임을 맞춘 어린이에게는 마녀 지팡이 모양의 연필과 마녀 모자 모양의 지우개가 달린 것을 선물로 준다.

프로그램은 고정 프로그램과 계절별 다르게 진행되는 변동 프로그램으로 구성한다. 고정 프로그램은 작은 토네이도 만들기, 오즈의 마법사에

항상 등장하는 길인 노란 길에서 착안하여 소용돌이 팽이 만들기 등을 진행한다. 변동 프로그램은 3~5월의 봄에는 꽃씨 뿌리기를 진행하여 어린이들이 화분에 직접 봄에 피는 꽃 씨를 야외 학습장에 뿌리고 본인의 이름과 날짜를 써서 재방문 시에 성장과정을 확인하게 한다. 6~8월의 여름에는 페트병을 이용한 솟구치는 분수를 만들어 보고, 야외 바닥 분수대에서는 물총놀이를 하게 한다. 9~11월의 가을에는 짚풀을 사용하여 허수아비를 만들어보고 모험의 숲에 전시한다. 12~2월에는 얼음 이글 루 만들기 등의 프로그램을 운영한다.

주말 프로그램은 부모와 어린이가 함께하는 것으로 재활용품을 활용한 간단한 과학실험을 통해 생활 속에 친근한 과학이 되도록 한다.

프로그램의 예를 정리하면 다음과 같다.

〈표 34〉 코즈의 과학나라 프로그램

구분	프로그램명	시기
고정 프로그램	·작은 토네이도 만들기	·평일
	·소용돌이 팽이 만들기	
계절별 프로그램	·꽃씨 뿌리기	·봄(3~5월)
	·솟구치는 분수, 물총놀이	·여름(6~8월)
	·짚풀 허수아비 만들기	·가을(9~11월)
	·얼음 이글루 만들기	·겨울(12~2월)
주말 프로그램	·인사하는 페트병	·주말
	·성냥개비 별	
	·바람개비 만들기	

- 에메럴드 도서관

과학관련 각종 어린이 동화책을 접할 수 있는 곳이다. 도서관이자 휴식처이므로 편안하고 재미있는 가구를 배치하여 접근을 용이하게 한다. 특정한 시간에 과학관 교사가 과학 동화를 구연한다.

[그림 48] 에메럴드 도서관

④ 절정: 마법의 성

마법의 성은 동화 오즈의 마법사에 나오는 서쪽 마녀가 사는 집이 다. 마녀는 둥근 비눗방울 모습으로 나타나고, 비눗방울과 유사한 마블을 가지고 있는데 그것을 통해 마술을 부리거나 도로시를 괴롭힌 다. 비눗방울과 마블의 색, 형태, 기능을 모티프로 하여 비눗방울, 공, 거울, 그림자, 착시의 원리를 이해한다.

[그림 49] 큰 비누방울

- 둥실 버블

다양한 비눗방울 놀이를 통해 표면장력을 학습한다.

○ 후~비눗방울

· 원리

액체와 기체, 액체와 고체 등 서로 다른 상태의 물질이 만났을 때 그 경계면에서 생기는 면적을 최소화하려는 힘인 표면장력을 이해한다. 비눗방울은 안과 밖이 공기와 닿아 있기 때문에 같은 부피에서 표면적이 가장 작은 구의 형태를 띤다.

· 연출

큰 통에 비누가 풀어져 있고, 과학관 교사들은 어린이들에게 비눗방울 세트를 나눠주고 불게 한다. 비눗방울 대는 동그라미, 세모, 네모, 하트, 별, 동물모양 등 여러 형태로 준비하여 다양한 모양의 비눗방울이 만들어지도록 한다.

○ 내가 비눗방울 속에

· 원리

핸들을 움직이는 속도와 비눗방울의 생성관계를 이해한다.

· 연출

2인 1조가 되어 한명이 핸들을 움직여 다른 한명을 큰 비눗방울 속에 들어가게 하는 놀이다.

○ 다같이 비눗방울 눈

· 연출

안경모양의 비눗방울 대를 나눠주고 거기에 비눗방울이 맺히면 눈에 쓰도록 하여 비눗방울 속 주변을 볼 수 있게 한다. 다른 어린이들이 보기에는 눈알이 돌출되어 보여 즐거운 체험이 될 수 있도록 한다.

○ 춤추는 비눗방울

· 연출

마블 모양 대형 구 안에 어린이들이 손을 갖다 대면 알록달록한 색의 비눗방울들이 구 안에서 만들어지고, 자유롭게 움직인다.

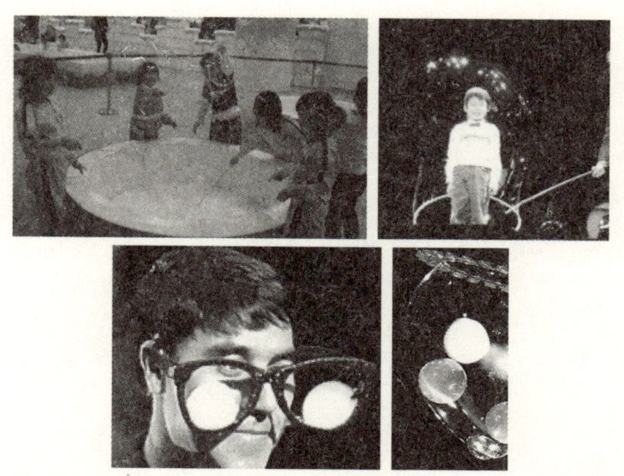

출처: 다같이 비누방울 눈, 춤추는 비누방울은 뉴시스 http://www.newsis.com에서 인용

[그림 50] 후~비누방울, 내가 비누방울 속에, 다같이 비누방울 눈, 춤추는 비누방울

- 떼굴 공

서쪽 마녀가 가지고 있는 마블의 둥근 형태에 착안, 여러 가지 구조물의 모양에 따라 굴러가는 공을 관찰하여 움직이는 조형물(Kinetic Art)을 경험한다. 또 공 풀장에서는 자유롭게 놀게 한다.

○ 멀리멀리 공

· 원리

공이 구르는 원리를 이해한다.

· 연출

주입구에 공을 넣으면 구조물의 길을 따라 공들이 이동하는 과정을 관찰한다. 쌓인 공들은 일정한 양이 되면 공 폭포가 되어 쏟아진다.

○ 소용돌이 공

· 원리

공이 회전하는 원리를 이해한다.

· 연출

소용돌이 모양의 구조물에서 공이 빨리 또는 천천히 이동하는 과정을 관찰한다.

○ 구불구불 공

· 원리

공이 이동하는 원리를 이해한다.

· 연출

구불구불한 모양의 구조물에서 공이 움직이는 모양을 관찰한다.

○ 공 풀장

일반 실내놀이터처럼 알록달록한 색깔 공이 가득 있는 공간에서 논다.

출처: 구불구불 공은 롤링볼 뮤지엄 http://rollingball.co.kr/에서 인용

[그림 51] 멀리멀리 공, 소용돌이 공, 구불구불 공, 공 풀장

- 이상한 방

서쪽 마녀는 마블을 통해 도로시의 마음을 읽을 수 있다는 점과 마녀가 사는 기이한 성에서 착안하여 거울, 착시, 그림자를 이용한 놀이를 통해 원리를 학습한다. 이상한 방에 들어서면 어린이들은 마녀 복장을 한 다음 마녀의 거울과 착시의 방에서 놀 수 있다. 과학놀이와 역할놀이를 결합한 것이다.

○ 마녀의 거울

· 원리

거울이 빛을 반사하는 원리를 이해한다.

· 연출

볼록 및 오목거울, 각도기 거울, 도깨비 거울, 회전 거울, 요술거울 등 다양한 거울에 비치는 자신의 모습을 확인할 수 있다.

○ 착시의 방

· 원리

눈으로 본 성질과 사물의 객관적인 성질의 사이에 차이가 있는 경우 생기는 착시 현상에 대해 이해한다.

· 연출

기울어진 몸, 삐딱한 방 등 착시를 이용한 요소들이 배치된다.

○ 그대로 멈춰라

· 원리

조명의 변화에 따른 잔상효과를 이해한다.

· 연출

어두운 방에서 '그대로 멈춰라' 음악에 맞춰 춤을 추다가 나레이션에 따라 멈추면 플래시가 터지면서 동작의 잔상이 남게 되는 놀이이다.

[그림 52] 마녀의 거울, 착시의 방, 그대로 멈춰라

⑤ 절정: 기구여행

오즈의 마법사 주인공들이 임무를 완수하고 에메럴드 시티에 돌아온 다음 오즈에게 심장과 두뇌, 용기를 달라고 하자 진짜 심장, 두뇌, 용기가 아닌 심장시계, 용기 목걸이를 주는 것에서 착안하여 심장과 뇌를 중심으로 하는 신체 내부를 학습한다. 그리고 도로시가 캔자스 시티로 돌아가기 위해서 모건이 기구를 띄우는 장면을 모티프로 하여 기구의 원리를 이해한다.

- 허수아비 뇌

○ 뇌 들여다보기

· 원리

뇌의 각 부위와 구조를 이해한다.

· 연출

뇌의 각 부분들이 퍼즐조각처럼 되어 있어 게임을 하 면서 뇌의 내외부를 살펴볼 수 있다. 퍼즐조각을 맞출 때마다 불이 들어오고 부위의 명칭과 설명 나레이션이 나온다.

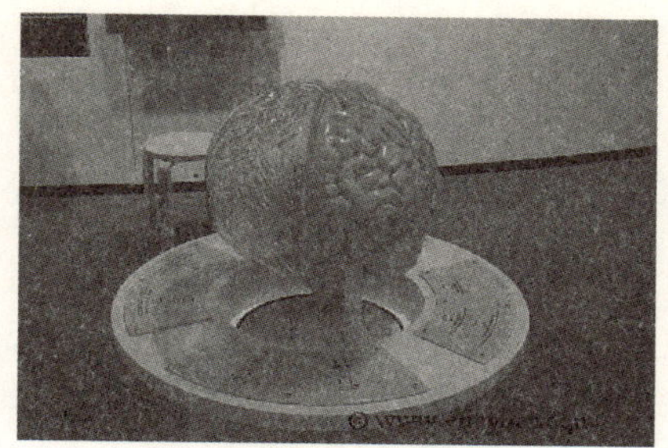

[그림 53] 뇌 들여다보기

○ 생각은 어떻게?

키오스크에 있는 멀티미디어 영상으로 생각이 무엇이며, 사람이 어떻게 생각을 하게 되는지 그 과정을 이해한다.

- 양철인간 심장

○ 몸 속 들여다보기

· 원리

몸 속 장기의 구조와 기능을 이해한다.

· 연출

누워있는 양철인간의 가슴과 배 부위의 모형 내장을 끼워 맞추면서 신체의 장기를 이해한다. 제대로 끼워 맞추면 불이 들어오고 해당 장기의 설명 나레이션이 들리지만 그렇지 못한 경우에는 '다시 해 볼까요?'라는 나레이션이 나온다.

○ 우리 몸의 세포

· 원리

세포의 구성과 기능을 이해한다.

· 연출

세포의 단면을 잘라 각 부분의 이름과 역할을 이해한다. 어린이가 각 부분에 손을 대면 불이 들어오고 해당 부분의 명칭과 기능에 관한 나레이션이 나온다.

○ 음식은 어디로?

· 원리

소화의 과정을 이해한다.

· 연출

키오스크에 있는 멀티미디어 영상으로 입으로 들어간 음식이 어떻게 소화되는지 과정을 이해한다.

○ 뼈 자전거

· 원리

뼈의 구조와 움직임을 이해한다.

· 연출

어린이가 자전거를 타면 옆에 같은 키의 뼈가 같이 자전거를 타는 모습을 통해 뼈의 구조와 관절, 그리고 움직임을 이해한다.

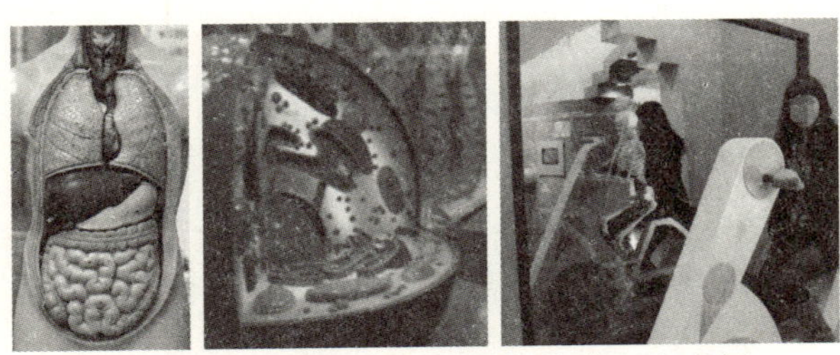

[그림 54] 몸 속 들여다 보기, 우리 몸의 세포, 뼈 자전거

- 꿈의 기구

○ 기구가 떴어요.

· 원리

기구가 뜨는 원리를 이해한다.

· 연출

어린이들이 대형 스크린 아래에 모형 불주머니를 놓으면 화면에 기구가 하늘로 날아 오르면서 열기구의 원리를 학습한다.

○ 띄워보자! 기구

풍선으로 만들어진 기구를 과학관 교사의 지시에 따라 동시에 띄워보는 놀이체험이다.

[그림 55] 띄워보자! 기구

(4) 결말부-결말

① 토토의 장난감 가게

도로시의 애완견 토토를 소재로 한 과학관의 기념품 숍이다. 오즈의 마법사 주인공과 등장인물과 관련된 과학 교구와 과학도서, 캐릭터 상품으로 구성된다. 교육용 게임, 과학 장난감, 토네이도 만들기, 열기구 만들기, 인체 모형 조립하기 등의 과학교구, 그리고 매직스틱, T-shirt, 문구류, 하트 시계, 용기(courage) 목걸이 등의 팬시상품을 배치한다. 과학관 기념품 숍은 관람을 마치면서 좋은 기억을 기념품으로 소장함으로써 오래 기억하고, 재방문할 수 있도록 하는 요소가 된다.

출처: 사진공유사이트 플리커 http://www.flickr.com에서 검색

[그림 56] 토토의 장난감 가게 상품들

② 무지개 나라

과학관 내의 푸드코트로 캐릭터 모양의 음식들이 제공되어 즐겁게 먹도록 하고, 푸드코트 환경도 테마와 관련되게 연출한다.

출처: 사진공유사이트 플리커 http:// www.flickr.com에서 검색

[그림 57] 무지개 나라 테마 도시락, 샐러드, 케익 사탕

나가며

본 책은 어린이 놀이 행태, 어린이 욕구, 파인 앤 길모어의 체험요소, 그리고 테마파크적 특성을 적용하여 어린이 과학관의 테마파크적 기획설계를 시도하였다. 실제로 구현한다는 가정 하에 어린이, 그중에서도 관람층을 분명하게 설정하여 5~9세의 어린이를 대상으로 효과적인 과학학습을 토대로 해당 연령대의 다양한 능력을 발전하기 위한 과학관을 제시하였다.

전 세계 300~400개에 이르는 어린이 과학관의 대부분이 미국에 있는 것에 반해 국내에 어린이를 대상으로 하는 과학관은 턱없이 부족하다. 더구나 각각의 어린이 과학관이 나름대로의 테마를 가지고 있지만 체험내용과 체험물에 기반하는 데 그친다. 이에 여기에서는 과학관에 성공한 콘텐츠와 어린이의 욕구를 접목하여 스토리텔링 방식의 어린이 과학관을 제안하였다. 파인 앤 길모어의 체험요소인 에듀테인먼트 체험(여기에서는 엔터테인먼트 체험과 에듀테인먼트 체험을 합쳤다), 비일상 체험, 미적 체험을 모두 경험할 수 있도록 하여 몰입의 극대화를 통해 흥미롭게 과학학습을 할 수 있어야 함을 강조하였다. 원형 스토리나 성공한 콘텐츠를 도입한 공간은 문학관이나 박물관에서는 자주 볼 수 있으나 과학관의 경우 그 특성상 전시물에 집중해 왔다. 미취학 어린이들은 자신들이 체험하는 것이 어떤 교육적 효과가 있는지 사실 잘 모르기 때문에 작동 자체를 즐거워 한다.

이러한 측면에서 여기에서는 테마파크와 같이 극적인 플롯 중심의 스토리를 과학관에도 적용하여 이야기 속에 어린이들이 영화 속 주인공이 되어 과학을 학습할 수 있는 공간을 제시하였다. 진입 시의 프리쇼, 영화 속의 공간에서 착안한 전시영역 설정, 영화 내용과 관련되거나 시각적인 모티프에서 차용한 전시물, 짜릿탐험에서 4D입체 영상관과 같은 어트랙션, 과학과 연극을 결합하여 테마파크의 쇼와 같은 사이언스쇼, 계절별·시기별로 오즈의 마법사 이야기와 관련된 교육 프로그램을 실시하고, 에메럴드 시티를 중심으로 하는 방사형 구조, 실외에서도 과학학습이 가능하도록 자연학습장과 바닥분수, 상상 놀이터를 조성하였다. 그리고 박물관 교사를 오즈의 마법사에 나오는 다양한 캐릭터로 설정하여 교육 및 안전을 돕게 하였다.

파인과 길모어의 고객 체험 요소 중 교육 체험을 중심으로 현실도피 체험과 미적 체험을 융합하여 몰입성을 높였다. 교육 체험은 에너지원리 학습, 자연관찰학습, 신체활동, 물리학습, 협동학습 등으로 구성되며 현실도피 체험은 직접 만지고, 누르고, 조작하고, 관찰하는 여러 활동을 통한 몰입을 통해 실현되며, 미적 체험은 영화 속 공간 구성과 소품들 속에서 전체적인 테마와 분위기를 느낄 수 있어 관람자 하나하나가 주인공이라는 인식을 심어 주게 하였다.

교육 체험을 중심으로 한 것과 마찬가지로 테마파크의 특징 중 교육성, 탐구성, 상호작용성, 체험성을 중시하였고, 테마파크적 성격을 부여하기 위하여 특정한 테마 하에 비일상성과 통일성도 가미하였다.

테마파크적 성격을 가진 어린이 과학관의 양적, 질적 개발을 바라는 마음에서 본 책의 의의를 다음과 같이 제시한다. 첫째, 분명한 관람 타겟층을 설정하여 연령에 따른 어린이 발달 수준과 놀이행태를 고려한 과학관은 과학뿐만 아니라 과학이 적용된 음악, 예술, 신체 등 다른 분야에서의 능력도 발달시킨다. 둘째, 스스로 체험할 수 있는 장을 통해 자기주도적인 학습능력을 길러주어 미래 과학인의 양성뿐만 아니라 직업인이나 생활인으로서 긍정적인 태도를 길러준다. 셋째, 다감각을 자극하는 체험은 어린이의 능력을 발달시키고, 오랜 기억을 형성하여 과학관에 대한 좋은 인상과 함께 재방문에도 지대한 영향을 미친다. 넷째, 부모의 입장에서는 과학관의 관람을 통해 어린 자녀가 어떤 부분에 관심이 있고, 재능이 있는지 찾을 수 있는 계기가 된다. 다섯째, 체험과 공간환경에 몰입하게 하여 어린이 각자가 주인공임을 인식하게 하여, 여러 역할놀이를 함과 동시에 자기 자신에 대한 자부심을 느끼게 한다. 여섯째, 서브 테마에 따른 색채와 조명싸인의 적용으로 인해 상호보완적 조화를 이룬 전시연출의 모델이 될 수 있다. 일곱째, 만족스러운 어린이 과학관의 경험은 과학관의 상품 구매에도 영향을 미친다. 현재 많은 과학관이 해당 과학관과 관계없는 상품들을 비치하고 있어 구매 의욕이 떨어지는데 스토리를 기반으로 한 과학관의 경우 다양한 관련 상품을 개발할 수 있다. 특히 과학을 소재로 하므로 생활 속의 아이디어 상품을 스토리에 접목하여 판매한다면 자연스러운 구매로 이어질 것이다.

본 책이 가지는 의의는 교육을 주목적으로 하는 과학관과 놀이를 주목적으로 하는 테마파크의 이질적인 결합이 주는 새로운 형태의 어린이 공간이라는 점이다. 특히 어린이가 원하고 이루고자 하는 어린이의 욕망을 과학관에 반영하여 잠깐이나마 한정된 공간에서 꿈을 이룰 수 있도록 한 것에도 그 의의가 있다. 이론의 도출과 사례분석, 그리고 기획설계의 과정을 통한 본 연구가 향후의 어린이 과학관이나 박물관 연구에 도움이 되고, 하나의 모델이 되기를 희망하며, 이러한 형태의 어린이 공간이 활성화되기를 기대한다.

참고문헌

단행본

권영걸, 『공간디자인 16강』, 국제, 2001.
국립중앙과학관, 『어린이 과학탐구관 전시기획 연구』, 국립중앙과학관, 2003.
로제 카이와, 『놀이의 인간』, 문예출판사, 1994.
M.A.S. 폴라스키, 『피아제의 이해』, 창지사, 1989.
박찬옥, 김영중, 정남미, 임경애 공저, 『유아놀이지도』, 학문사, 2005.
수잔나 밀러, 『놀이의 심리』, 형설출판사, 1984.
유동환, 『한국문화 르네상스 프로젝트-'한문화 테마파크'연구용역』, 경북테크노파크 (재), 2008.
이연숙, 『어린이집 실내공간 디자인이론』, 교육과학사, 1997.
이정화, 김준기, 『테마의 시대』, 세진사, 1996.
이토 마사미, 『사람들이 모이는 테마파크의 비밀』, 일신사, 1995.
조셉 파인 2세, 제임스 길모어, 『고객 체험의 경제학』, 세종서적, 2001.
Frank&Theresa Caplan, 『놀이와 아동』, 교육과학사,1989.
George Ellis Burcaw, 『큐레이터를 위한 박물관학』, 김영사, 2001.
John H, Falk&Lynn D.Dierking, 『관람객과 박물관(The Museum Experience)』,

2008, 북코리아.

R.M.Thomas, 『아동발달의 제이론』, 교육과학사, 1993.

탄 세이켄 연구소, 『Hands-on Museum』, 1999.

호이징하, 『호모 루덴스』, 홍익사, 1981.

Frost J.L, Worthan S.C, Reifel S, *Play and Child Development*, 정민사, 2005.

Gary Goddard, *The Four E's As Keys to an Attraction's Success,* Amusement Business, 1999.

Greenaway, *A Short History of the Science Museum*, 1951.

Janousek, I, *The 'context museum': integrating science and culture*, Museum International, 2000.

John Dewey, *Experience and Education*, 1938, New york, The Macmillan Co.

Hazel Kepler, *The Child and His Play*, Funk&Wagnalls Company, New York, 1952.

Hilde S. Hien, *The Museum in transition: A Philosophical Perspective*, Smithsonian Institution, 2000.

Hooper-Greenhil, *Educational Role of the Museum, (2nd Ed)*, Lodon: Routledge, 1999.

Mary Maher, *Collective Vision: Starting and Sustaining a Children's Museum*, ACM, 1997.

Ruggiero, C, *Spreading the analytical word*, Chemistry&Industry, 2000.

Song, J. & Cho, S, *Yet Another Paradigm Shift?: From Minds-on to Hearts-on*, Journa of the Korean Association for Research in Science Education

▌학술논문

고대승,「과학관의 역사와 향후 발전방향」, 한국과학문화재단, 2008.

권순관,「어트랙션의 요소를 적용한 테마파크형 뮤지엄의 유형분석: 국내·외의 테마박물관을 중심으로」, 한국실내디자인학회논문집 제16권 2호 통권61호,2007.

권정란, 윤재은,「어린이 박물관의 전시설계를 위한 관람특성 연구: 삼성어린이박물관을 중심으로」, 한국실내디자인학회 학술발표대회논문집 제4권 제4호, 2002.

김민정, 현은령,「체험 전시의 스토리텔링 기법연구-과학박물관 디자인을 중심으로」, 한국과학예술디자인학회 Vol.16, 2007.

박수경, 박지혜, 차태훈,「체험 요소(4Es)가 체험즐거움, 만족도, 재방문에 미치는 영향: 파인과 길모어의 체험경제(Experience Economy)를 중심으로」, 광고연구 가을호, 2007.

박지선,「프랑스 테마파크 콘텐츠 현황과 기획의 스토리텔링 체계」, 한국프랑스학회 논집 Vol.59, 2007.

이경희,「어린이를 위한 체험적 박물관과 학습」, 삼성어린이박물관 특별 세미나: 혁신과 헌신-어린이를 위한 체험식 박물관, 2006.

이기숙,「과학적 개념이 적용된 실외 어린이 놀이터 모델 개발 연구 보고서」, Science Korea Project, 2005.

김명석, 이상원,「서사구조에 근거한 테마파크 디자인」, 디자인학연구, 2000.

최미옥, 김문덕,「놀이개념으로 접근한 어린이 과학관 전시공간 연출에 관한 연구」, 한국실내디자인학회 논문집 학술발표대회논문집 제6권 제6호,2004.

최종호,「차세대 어린이 박물관의 역할과 기능」, 삼성어린이박물관 특별 세미나: 혁신과 헌신-어린이를 위한 체험식 박물관, 2006.

최현익, 차상기, 서지은 이정호,「전시주제별 체험식 전시매체 표현특성에 관한 연구: 어린이 박물관을 중심으로」, 대한건축학회논문집 제24권 제1호(통권 231호), 2008.

IASDR07, 「*Study on the Design Process for establishing a Museum Bridging the Gap between the public and the realm of design*」, 2007.

학위논문

강영식, 「유아 놀이행동에 관한 연구」, 건양대학교, 석사학위논문, 2000.

곽수정, 「유휴공간의 문화공간화를 위한 콘텐츠 연구」, 국민대학교, 박사학위논문, 2007.

권정란, 「전시공간분석을 통한 어린이 박물관의 전시설계 계획에 관한 연구」, 국민대학교, 석사학위논문, 2003.

서자현, 「Sykes의 박물관 학습이론에 의한 어린이 박물관의 공간계획에 관한 연구」, 건국대학교, 석사학위논문, 2008.

송현미, 「첨단과학기술 전시를 위한 전시구성체계 및 연출방법에 관한 연구: 첨단과학 분야의 체험전시를 중심으로,」, 홍익대학교, 석사학위논문, 2005.

오경환, 「조경경관의 이미지 형성에 관한 연구: 스토리텔링 방법론을 중심으로」, 서울대학교, 박사학위논문, 2002.

오지선, 「아동의 놀이 행태에 따른 공립 어린이 도서관 리노베이션 계획」, 홍익대학교, 석사학위논문, 2005.

윤경훈, 「과학관 사업 활성화를 통한 과학문화 확산 방안 연구」, 세종대학교, 석사학위논문, 2006.

이유선, 「유치원 아동에게 요구되는 유구에 관한 연구」, 이화여자대학교, 석사학위논문, 1964.

이지민, 「어린이 놀이기구에 대한 실태 분석」, 이화여자대학교, 석사학위논문, 1992.

이혜정, 「제7차 지구과학 교육과정과 과학관 전시 내용의 비교 분석」, 충북대학교, 석사학위논문, 2006.

임정애, 「테마파크형 박물관에 관한 연구」, 경성대학교, 석사학위논문, 1998.
정선영, 「어린이 박물관의 공간 디자인 특성에 대한 연구」, 연세대학교, 석사학위논문, 2002.
정소연, 「놀이문화로서 테마파크 콘텐츠 분석 및 아동의 인식」, 숙명여자대학교, 석사학위눈문, 2008.
지환수, 「민간신앙을 주제로 한 박물관 전시계획에 관한 연구」, 서울시립대학교, 석사학위논문, 2002.
최고운, 「과학관 이용자 만족도 평가에 관한 연구: 4개 과학관의 전시실을 중심으로」, 이화여자대학교, 석사학위논문, 1996.
최고운, 「내러티브 특성에 근거한 테마뮤지엄 디자인에 관한 연구: 내러티브 구조 확립을 중심으로」, 한국과학기술원 석사학위논문, 2005.
차상모, 「어린이 박물관 건축 계획에 관한 연구」, 홍익대학교, 석사학위논문, 1998.
한숙영, 「문화관광 체험영역에 관한 연구: 유산관광자를 대상으로」, 경기대학교, 박사학위논문, 2006.

웹 사이트

국제박물관협회 http://icom.museum
네이버 지도 http://map.naver.com
뉴시스 http://www.newsis.com
미국 박물관협회 http://www.aam-us.org
라빌레트 시떼 데장팡 http://cite-sciences.fr
롤링볼 뮤지엄 http://rollingball.co.kr/
뱀불라 http://www.whitehutchinson.com/leisure/bamboola.shtml
삼성어린이박물관 http://kids.samsungfoundation.org
안동 전통문화콘텐츠박물관 http://www.tcc-museum.go.kr/
어린이박물관협회 http://www.childrensmuseums.org

에너지체험관 행복한 i http://www.hiknef.or.kr
엔싸이버 백과사전 http://www.encyber.com
LG사이언스홀 http://www.lgscience.go.kr
오사카 빅뱅 http://bigbang-osaka.or.jp/
키즈 프라자 오사카 http://www.kidsplaza.or.jp
온타리오 과학관 내 키즈파크 http://www.ontariosciencecentre.ca
중앙일보조인스랜드 http://www.joinsland.com
캘리포니아 사이언스센터 http://www.californiasciencecenter.org
쿄토 시구레덴 http://www.shigureden.com
퀘스타콘 http://www.questacon.edu.au
키자니아 http://www.kidzania.co.kr
키즈월드 http://www.kidsblock.co.kr/product/kwp01.htm
플레이뱅크 http://www.22playbank.co.kr/
플리커 http://www.flickr.com

기타

박종일, 「북서울 꿈의 숲 조성, 성북구 수혜지역」, 아시아경제, 2008.10.17.

성선화, 「경전철 · 드림랜드 공원화 등 개발호재 듬뿍」, 한국경제신문, 2009.4.29

이준기, 「4 · 4 · 2 전략으로 공격적 과학관 만들 터」, 인터넷과학신문 사이언스 타임즈, 2008.11.18.

진용득, 「녹슨 드림랜드 역사 속으로, 북서울의 꿈의 숲으로 재탄생」, 서울특별시 시정소식 보도자료, 2008.10.20.

찾아보기

ㄱ

ㄴ

ㄷ

ㄹ

ㅁ

ㅇ

ㅈ

ㅎ

기타

과학관, 테마파크를 만나다

문화콘텐츠학 총서 11

초판 인쇄 2012년 4월 10일
초판 발행 2012년 4월 20일

지 은 이 김희경
발 행 인 박 철
기　　획 권원순 Director, University Press
편　　집 탁경구 Executive Knowledge Contents Creator
편집진행 1 신선호 Chief e-Contents Creator
편집진행 2 정재원 Chief Contents Creator
마 케 팅 김태문 Chief Marketing Creator
재무관리 김혜영 Chief Managing Creator
발 행 처 한국외국어대학교 출판부
130-791 서울시 동대문구 이문로 107
전화 (02)2173-2495~7
팩스 (02)2173-3363
홈페이지 http://press.hufs.ac.kr
전자우편 press@hufs.ac.kr
출판등록 제6-6호(1969. 4. 30)
디자인·편집 (주)이환디앤비 (02)2254-4301
인쇄·제본 SM C&P (02)468-6100

ISBN 978-89-7464-566-3 (세트)
ISBN 978-89-7464-734-6 14000　　정가 13,000원

* 잘못된 책은 교환하여 드립니다.